# 数的センスを磨く 超速算術

METHOD OF SUPER RAPID CALCULATION

筆算・暗算・概算・検算を武器にする74のコツ

涌井良幸 / 涌井貞美

実務教育出版

## はじめに

　世の中には「数」をスムーズに扱える人がいます。会費をアッという間に割り勘できる人、資料をサッと見ただけでポイントを見抜いて的確な判断を下せる人、会議で正確な計算に裏付けられた発言で賛同を勝ち取る人……。

　これらの人に共通して言えるのは「計算が速い」という点です。ただ、彼らは数学の専門家でも、ソロバンの達人でもなければ、暗算が得意とも限りません。むしろ普通の計算しかできない人の方が多いのではないかと思います。

　それなのに、なぜ速く計算できるのでしょうか？　それは、臨機応変に**直面している**問題に**最適な方法で計算している**からです。学校で教わった計算法（正攻法）はどんな問題でも必ず正解を得られます。薬に例えるなら「万能薬」のような計算法です。

　しかし、特殊な病気に対しては万能薬よりも、「特効薬」を用いた方がズッと早く治ることが多いように、計算法においても数多くの特効薬を常備しておくことが大切なのです。

　一例をあげましょう。399 × 399という計算を、一般的な計算法で解くと、右のようになります。1つひとつ順番に計算しなくてはならないので、けっこうな手間がかかります。

　ですが、もし次ページのやり方を知っていたとしたら、計算速度はかなり違ってくることになります。

＜手間ヒマがかかるなあ＞

```
         3 9 9
   ×     3 9 9
   ─────────────
         2 8 8
         3 5 9 1
       1
       3 5 9 1
     1 1 9 7
   ─────────────
   1 5 9 2 0 1
```

アッという間に答えが出ました。これなら暗算でも可能でしょう。ただし、この計算法は例えば「365×365」などの問題に対しては威力を発揮しません。あくまでも今回のような形のケースで有効なのです。

$$399 \times 399$$
$$= (400-1)^2$$
$$= 160000 - 800 + 1$$
$$= 159201$$

速い！カンタン！ミスなし！

「速算は臨機応変」というのは、そういう意味です。このような特効薬的な計算法をたくさん知っていると、色々な場面で速算が可能になります。この役割を果たすものこそが「速算術」です。速算が使えないと判断した時だけ、万能薬的な計算法で攻めればいいのです。

ちなみに誤解のないように言っておきますと、本書は速算のテクニックを紹介する本ですが、正攻法の計算を軽んじているわけではありません。基本があっての速算なのです。

本書では、速算術につながる手法をたくさん紹介しています。また、それ以外にも大雑把に数をつかむ概算術、ミスを減らす検算術など実用に役立つ手法も数多く取り入れています。

それらの知識を合わせて活用し、ぜひ「速算術」をあなたの武器としてください。

本書を作成するに際して、実務教育出版の佐藤金平氏、シラクサの畑中隆氏に多方面にわたる御指導を仰ぎました。この場をお借りして感謝の意を表させていただきます。

著者

数的センスを磨く超速算術

# Contents

はじめに ———————————————————— *001*

## PART_0
## まずは「速算の準備」から始めよう！

01　速算術は誰でもすぐにできる！ ———————— *010*
02　「補数を使うテクニック」を身に付けろ！ ———— *013*

## PART_1
## 「＋」「－」だけで超速計算！

03　おつりは「補数」を使って上位のケタから ———— *018*
04　まず、「キリのいい数」を引け ————————— *020*
05　100に近い数なら「シンプル計算」で ————— *022*
06　「引き算→足し算」に変える補数術 ————— *024*
07　足し算と引き算でゴチャゴチャ…まとめてしまえ — *027*
08　102 + 97 + 105 + 99 = 100 × 4…と考える — *028*
09　「キリのいい相棒」を探せ！ ————————— *029*

| 10 | 同じ数の多い足し算・引き算は「省力計算」で | 030 |
| 11 | 「繰り下がり」引き算のグッドな補数術 | 031 |
| 12 | 引く数を「キリのいい数」にしてから引け | 034 |
| コラム | お坊さんとロバの「不思議な遺産分け」 | 036 |
| 13 | 繰り上がり記号「・」で足し算を効率アップ | 037 |
| 14 | 大きな数の足し算は「2ケタ区切り」で！ | 041 |
| コラム | アラビア数字のありがたさ | 043 |

# PART_2
# 「×」「÷」で発揮される速算の凄み

| 15 | 「超速・掛け算」3つの原理 | 046 |
| 16 | 「十の位が1」の2ケタ同士の掛け算 | 048 |
| 17 | 2ケタ×2ケタが激ラク化する筆算術 | 051 |
| 18 | 「11の掛け算」は数字を書き写すだけ | 053 |
| 19 | 「3ケタ×1ケタ」にも筆算術が活きる | 054 |
| 20 | 「一の位が5」の2乗なら秒速解答！ | 055 |
| 21 | 「一の位の和が10」で「他の位が同数」の掛け算 | 057 |
| 22 | 「下2ケタの和が100」で「最上位が同数」の掛け算 | 059 |
| 23 | 「一の位が同数」で「十の位の和が10」の掛け算 | 061 |
| 24 | 21×19、51×49は「イッパツ掛け算」で | 063 |
| 25 | 98×97は補数を利用せよ | 066 |
| 26 | 「99×…」の裏ワザ① | 069 |
| 27 | 「99×…」の裏ワザ② | 072 |

| 28 | 面倒な「105 × 108」を超カンタン計算 | 074 |
| 29 | 3ケタの数を「9で割る」超割算 | 078 |
| 30 | 5、25、125で割るなら掛け算にチェンジ | 081 |
| 31 | 4、8の割り算なら「2の連続割り」で | 084 |
| コラム | 「割引の割引」で迷った時の判断法 | 087 |

## PART_3
## 面白くて速い！「アイデア掛け算術」

| 32 | 「マス目」を使ってみる | 090 |
| 33 | 「線」を使ってみる | 095 |
| 34 | 対角線を使ったアイデア筆算術 | 099 |
| 35 | 「2ケタの3乗」のアイデア計算術 | 105 |
| 36 | 「2ケタの4乗」のアイデア計算術 | 109 |
| コラム | 語呂合わせで数字を覚えよう！ | 112 |

## PART_4
## 「検算術」の真髄は "九去法"にあり！

| 37 | 検算は「別の方法で」——それこそ速算術！ | 114 |
| コラム | バームクーヘンの「余り」…… | 117 |
| 38 | 「速く・カンタンに」検算する九去法の原理 | 118 |

| 39 | 九去法カンタン検算① 「足し算の答え」 | 120 |
|---|---|---|
| 40 | 九去法カンタン検算② 「引き算の答え」 | 122 |
| 41 | 九去法カンタン検算③ 「掛け算の答え」 | 124 |
| 42 | 九去法カンタン検算④ 「割り算の答え」 | 127 |
| 43 | 「キリのいい数」に見立てて"検算" | 130 |
| 44 | キリのいい数の「挟み撃ち」検算術 | 132 |
| 45 | 3秒でわかる「一の位」を見るだけ検算 | 134 |
| コラム | 欧米人は3ケタ、日本人は4ケタ？ | 136 |

# PART_5
# 「概算術」を使いこなす！

| 46 | πの計算は22/7を使え！ | 138 |
|---|---|---|
| 47 | 「$2^{10} = 1000$」はバツグンの概算 | 140 |
| 48 | 古代エジプトの(8/9×直径)$^2$を概算に使う | 144 |
| コラム | 曽呂利新左衛門はアッという間に百万石の大名に!? | 146 |
| 49 | スピード換算① 1尺、1間、1町の長さは？ | 147 |
| 50 | スピード換算② 1坪、1町歩の面積って？ | 148 |
| 51 | スピード換算③ 1斗、1石、1升…？ | 149 |
| 52 | 近似値 1、100……に近い平方根 | 150 |

| コラム | 縁起のいい数、悪い数？ | 152 |

## PART_6
## 知ってトクする速算術のウラ技

| 53 | 元金2倍になる年数を秒速で導く「72の法則」 | 154 |
| 54 | 「114の法則」で途上国のGDP 3倍…の年も | 158 |
| 55 | 「72の法則」の2倍だから「144の法則」 | 162 |
| 56 | 新しい発見につながる「単位あたり」の考え方 | 163 |
| 57 | 「ガウスの天才的計算」の裏に速算術 | 164 |
| 58 | ズラして差をとる速算術 | 166 |
| 59 | 10本指で「2進数→10進数」をアナログ変換！ | 168 |
| 60 | 「10進数→2進数」は2で割っていくだけ？ | 172 |
| 61 | バスツアーで同じ誕生日の人がいる確率 | 174 |
| 62 | 「元号→西暦」のスピード変換法 | 176 |
| 63 | 「西暦→元号」のスピード変換法 | 178 |
| 64 | 日本人なら知っておきたい「干支の換算」 | 180 |
| コラム | 72という数字の不思議 | 182 |

## PART_7
# イザという時、あなたを救うベンリ計算術

| 65 | $\sqrt{6561}$ を手計算でやってのける！ | 184 |
| コラム | 開平法は「1番絞り」の原理だった！ | 190 |
| 66 | 平均値・中央値から分布の特徴を素早く知る | 192 |
| 67 | 偏差値から順位をサクッと割り出す | 194 |
| 68 | 「2割で戦略」を立てればスピードアップ | 196 |
| 69 | 「待ち時間」をリトルの公式で超速計算！ | 198 |
| 70 | 自治会役員をコインで即決する方法 | 200 |
| 71 | 「チョキなしジャンケン」は万能即決法だ | 202 |
| 72 | ゴキブリの1年後の数を超速算！ | 203 |
| 73 | 覚えておきたい平方根 | 204 |
| 74 | 覚えておきたい2乗の数 | 205 |

## 付録

| 01 | ケタ数を表わす接頭語 | 208 |
| 02 | 小学校で教わる「足し算」 | 209 |
| 03 | 小学校で教わる「引き算」 | 210 |
| 04 | 小学校で教わる「掛け算」 | 211 |
| 05 | 小学校で教わる「割り算」 | 212 |

装丁●井上新八
カバー写真● ⓒPetar Chernaev/Getty Images
本文デザイン・ＤＴＰ●新田由起子（ムーブ）

「速算」の極意は、直面した問題に最適な方法を見つけ出してスムーズに処理することです。その前提として覚えておきたいのが「補数」という黒子役。補数を使いこなして、あなたも速算の達人になりましょう！

PART_0

# まずは「速算の準備」から始めよう！

# 01 速算術は誰でもすぐにできる！

### まずは数式をじっと見つめる

　速算で大事なことは、**数式に出会ってもすぐに計算しないこと**です。まずは、**「何か簡単に計算できる方法はないものか」**と、**数式をじっと眺めて考えます**。なぜなら、速算では個々の症状に合った特効薬を使うからです。

　例えば、次のピンク部分の面積はいくらでしょうか。大きな正方形の中に、小さな正方形が入っているので、

「大きな正方形の面積－小さな正方形の面積」

が答えとなります。

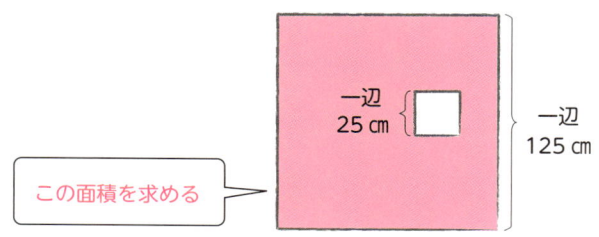

　大きな正方形は一辺の長さが125cmで、小さな正方形は一辺の長さが25cmです。よって、次のようになります。

$125^2 - 25^2$

　ただ、これを正攻法で計算すると、結構面倒です。

でも、もし次の知識があったらどうでしょうか？

$a^2 - b^2 = (a+b)(a-b)$

この公式に当てはめると、

$125^2 - 25^2$
$= (125+25)(125-25)$
$= 150 \times 100$
$= 15000$

このように、暗算で求めることができるのです。

### 知識さえあれば「速算」は即可能！

「速算」とは、その名の通り「速く計算する」ことですが、必ずしも暗算の必要はありません。紙に書いて、それをもとに速算してもいいのです。
　暗算術は、一朝一夕に身につけることはできません。地道なトレーニングが必要です。けれども、**速算術は知識さえあれば誰でもすぐに可能**です。なぜなら、簡単に計算しやすい形に置き変わることが多いからです。
　例えば、次のような問題に出会ったらどうしますか？

365 − 99

学校で教わった通りに計算すると、「引けない時は上位の位から

1を借りてきて繰り下がって……」と下記のように複雑となり、計算ミスが気がかりです。

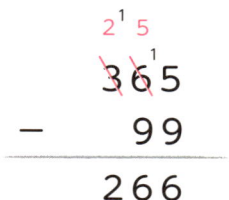

しかし、本書で紹介する速算術では、次のように計算します。
「365から100を引いて265、1を足して266となる」。
これを数式で表わせば、次のようになります。

365－100＋1＝266

とても簡単なので、計算ミスも少ないでしょう。
このように、**超速算術は直面した問題に即した計算法を適用し、「速く・正しく・簡単に」答えを見出すテクニック**です。問題に臨機応変に対処するので、アタマの体操ともいえるでしょう。

## 02 「補数を使うテクニック」を身に付けろ!

　普段の仕事でも、難しいものは分割したり、組み合わせを変えることでスムーズに解決できることがあります。速算も同じです。一見、複雑そうな計算も数字の組み合わせを見つけて分類したり、変えてやることで、いとも簡単に処理できるケースがあります。
　例えば、次の計算をしてみましょう。

365000－14912

　正攻法で解こうとすると、「1を借りてきて…」と結構面倒ですが、次のように分けて計算するとどうでしょう。

365000－14912
＝350000＋15000－14912
＝350000＋88
＝350088

　14912を引くことを考慮して、365000を2つの数字に分けて考えたら一気に計算しやすくなりました。

　もう1つ、こちらも一見大変そうな計算をしてみましょう。

4799＋599＋1532＋902＋218

「4799と599と902」、「1532と218」がそれぞれ同類と気づ

くことができれば、次のように分類して計算できます。

(4799＋599＋902)＋(1532＋218)
＝(4800－1＋600－1＋900＋2)＋(1532＋218)
＝6300＋1750
＝8050

このように、**分割・合体（離合集散）のテクニック**は頻繁に活用できるのです。

### 「補数」は速算に必須の便利ツール

速算術では**「補数」**という便利なツールが活躍します。これは学校では教えてくれませんが、計算を簡単にします。

先ほどの「4799 + 599 + 1532 + 902 + 218」という問題を例に説明しましょう。4799 は 1 を足すと 4800 になり、599 は 1 を足すと 600 になります。この時、「1 は 4799 の補数（4800 に対する）」、「1 は 599 の補数（600 に対する）」といいます。4800 や 600 は基準となる数なので**「基準数」**と呼びます。

もっと具体例を見てみましょう。
「9 の 10 に対する補数は 1」（基準数は 10）
「2 の 100 に対する補数は 98」（基準数は 100）
「955 の 1000 に対する補数は 45」（基準数は 1000）
「1002 の 1000 に対する補数は－2」（基準数は 1000）

以上の例でわかるように、補数が「－（マイナス）」になることもあります。基準数は 10、100、1000 などを使うことが多いですが、都合に応じた数（例：300、500）でかまいません。

速算の世界ではこの補数がよく使われます。その例を11ページで取り上げた365－99を用いて紹介しましょう。
　ここで、**99の補数が1**であることに着目すると次のようになります。

99＝100－1

すると、次のように計算できます。

365－99＝365－(100－1)＝365－100＋1＝266
　　　　　　　　　　　　　　　　　↑　　　　↑
　　　　　　　　　　　　　計算しやすい数　小さい数の足し算

　99のままでは計算しにくいので、100に対する補数である1を使いました。引き算が消えて足し算に変わって計算しやすくなりました。この時、代わりに100という基準数が出てきますが、十進法の足し算、引き算、掛け算、割り算（この4つの計算を**四則計算**といいます）においては、非常に計算しやすいので特に妨げにはならないでしょう。

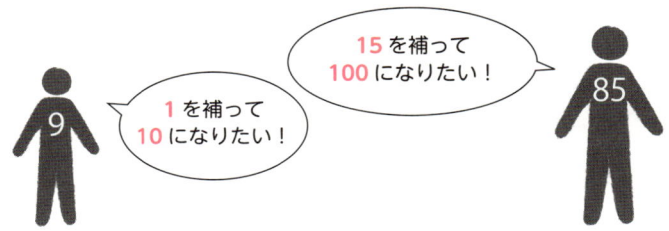

### 補数の求め方

基準数 c に対する a の補数 b を式に表わすと、a＋b＝c となります。したがって、b＝c－a により c に対する a の補数 b を求めることができます。

例えば、基準数 10 に対する 8 の補数は 10－8 より 2 です。このように基準数が小さければ補数は簡単に求められますが、大きくなるとちょっと厄介です。「1000 に対する 654 の補数は？」と問われると、ちょっと戸惑うでしょう。その場合は、**各ケタの 9 に対する補数を列挙してできた数に 1 を足すといいのです。**

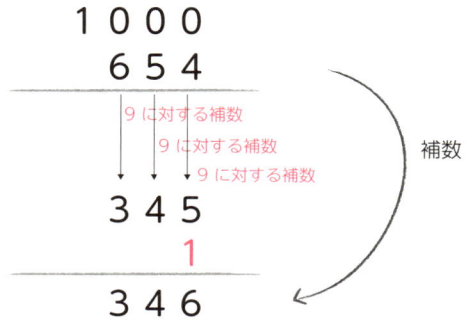

言い方を変えれば、**「各ケタの 9 に対する補数を列挙する。ただし、一の位については 10 に対する補数とする」**ということになります。

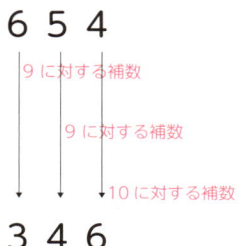

10や100に近い数の計算、キリのいい数にする相棒探し、ゴチャゴチャな数の計算をすっきりまとめる方法など、工夫1つで「足し算・引き算」は超速計算が可能です。やり方さえ理解できれば、誰でも今すぐに達人になれます。

PART_1

# 「+」「-」だけで超速計算!

## 03 おつりは「補数」を使って上位のケタから

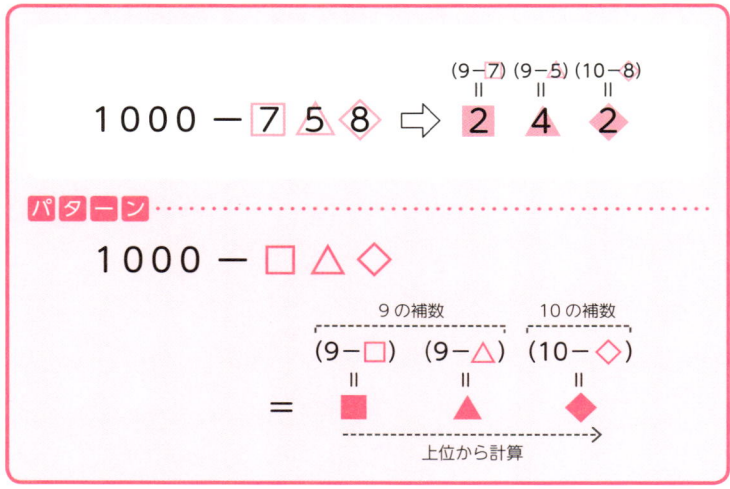

買い物で千円札や一万円札を使っておつりをもらう際、いちいち一の位から計算していったら大変です。この場合は、上位から計算し、引かれる数の**各ケタの9に対する補数を計算**すればいいのです。ただし、**一の位だけは10の補数**となります。縦書きの引き算で原理を示すと次のようになります。

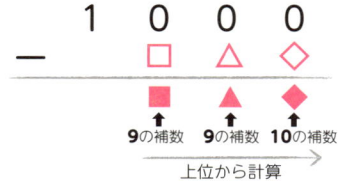

例題　❶100−87＝1 (=9−8) 3 (=10−7) ＝13
　　　❷1000−298＝7 (=9−2) 0 (=9−9) 2 (=10−8) ＝702

## ヨーロッパ流のおつりの計算

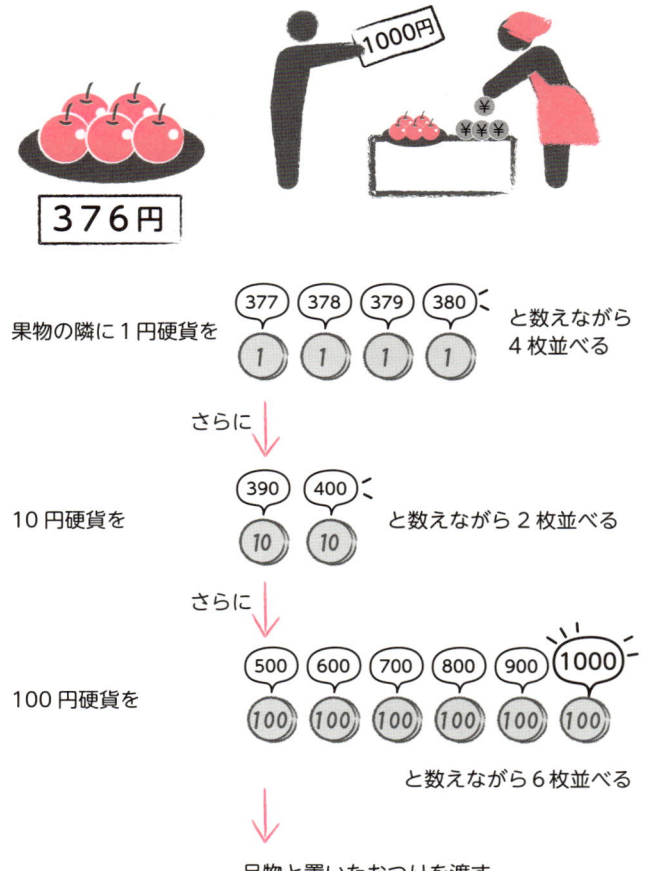

果物の隣に1円硬貨を　377 378 379 380　と数えながら4枚並べる

さらに↓

10円硬貨を　390 400　と数えながら2枚並べる

さらに↓

100円硬貨を　500 600 700 800 900 1000

と数えながら6枚並べる

↓

品物と置いたおつりを渡す

## 04 まず、「キリのいい数」を引け

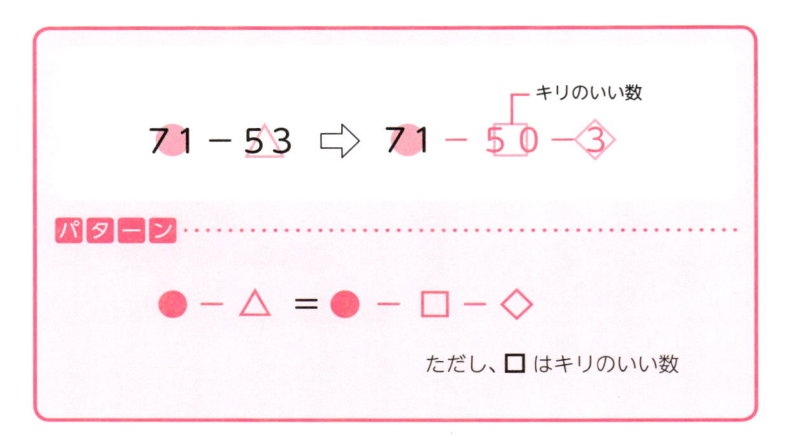

$$71 - 53 \Rightarrow 71 - \underset{\text{キリのいい数}}{50} - 3$$

**パターン**

$$● - △ = ● - □ - ◇$$

ただし、□ はキリのいい数

　引き算は、キリのいい数だと計算がラクです。そこで、引く数をキリのいい数とそうでない数に分割し、先にザックリとキリのいい数を引いてしまいます。その後に、残った数を引くという**2回分けのテクニック**です。

　つまり、引き算を1回ではなく何回かに分けて行なうのです。今後、引き算に遭遇したら、まずは**「キリのいい数を引いてから残りを引く」**という考え方で計算してみましょう。論より証拠、次の例題を試してみてください。普通に計算するよりも、ずっとラクになるのがわかるはずです。

**例題**

❶ 981−67
 =981−60−7
 =921−7
 =914

❷ 1981−603
 =1981−600−3
 =1381−3
 =1378

❸ 759−298
 =759−200−98
 =559−90−8
 =469−8
 =461

> この場合なら200ではなく300でもいいね。
>
> 759−298
> =759−300+2
> =459+2
> =461
>
> 臨機応変に！

## 05 100に近い数なら「シンプル計算」で

$$35 + 98 \Rightarrow 35 + 100 - 2$$

（キリのいい数）

**パターン**

$$● + △ = ● + □ - ◇$$

（基準数　△の補数）

足し算では、補数でスムーズに計算できるケースがあります。

（ⅰ）足す（足される）数をキリのいい数にします。
　　35＋98の場合なら、35＋100

（ⅱ）キリのいい数（100）に対する補数を引きます。
　　35＋100－2

　これは速算術の典型で、**いったんキリのいい数を足しておき、後で「余計に足した数」を引く**という方法です。計算が複雑になる数の足し算を計算がシンプルになる数の引き算に持ち込むのです。

**例題**

❶ 35＋58
　＝35＋60－2
　＝93

❷ 79＋43
　＝80－1＋43
　＝122

❸ 98＋65
　＝100－2＋65
　＝165－2
　＝163

❹ 998＋862
　＝1000－2＋862
　＝1862－2
　＝1860

❺ 98＋97
　＝100－2＋100－3
　＝200－5
　＝195

## 06 「引き算→足し算」に変える補数術

$$685 - 87 \Rightarrow 685 + 13 - 100$$

87の補数　基準数

**パターン**

$$● - △ = ● + ◇ - □$$

△の補数　基準数

　普通は引き算より足し算の方が簡単です。そう考えると、**引き算を足し算にする**ことができたら速算につながるはずです。ここでも使う道具は補数です。上記のパターンにあるように、引き算では引く数の補数を利用すれば足し算に変形させることができます。もちろん、後で基準数を忘れずに引いておきましょう。

**例題1** ❶343−67
　　=343+33−100
　　=376−100
　　=276

❷1100−862
　　=1100+138−1000
　　=1238−1000

=238

❸10000−97
=10000+3−100
=9900+3
=9903

なぜ、このような計算ができるのか、少し数学的な裏付けを見ておきましょう。基準数 c に対する a の補数を b とすると、次の式が成り立ちます。

a+b=c　つまり、a=c−b

よって、

x−a
=x−(c−b)
=x+b−c
=x+(補数−基準数)

これは、このテクニックが正しいことを示しています。基準数は、いつも「10、100、1000……」のような数字でなければいけないわけではありません。このテクニックは、300、500などどんな基準数でも使えます。次のような例もあるので、参考にしてください。

例題2　❶ 650－981＋701－495＋309

```
   650          650   1000の補数
 － 981          ⑲  －1000
   701           1    700
 － 495          ⑤  － 500
   309           9    300
 ─────         ───────────────
    ?          684 －  500 ＝ 184
                     500の補数
```

❷ 780－389＋701－195＋509＋412－598

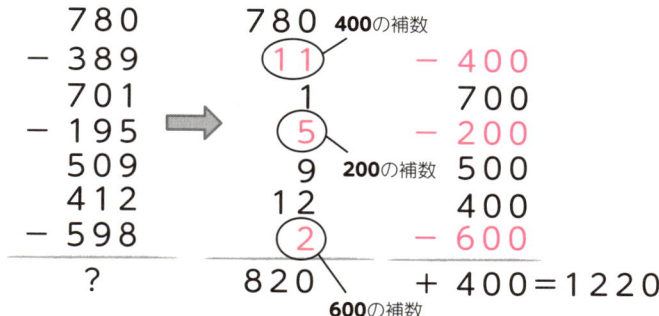

```
   780          780  400の補数
 － 389          ⑪  － 400
   701           1    700
 － 195          ⑤  － 200
   509           9  200の補数 500
   412          12    400
 － 598          ②  － 600
 ─────         ───────────────
    ?          820 ＋  400 ＝ 1220
                     600の補数
```

## 07 足し算と引き算でゴチャゴチャ… まとめてしまえ

$$35-58+72-64+21-15$$
$$\Rightarrow 35+72+21-58-64-15$$
$$\Rightarrow (35+72+21)-(58+64+15)$$

足し算をまとめる　　　　引き算をまとめる

　足し算と引き算がたくさん混在している計算は、見るだけでイヤになります。こんな時、足し算と引き算を別々に分けて計算すると、「足し算」中心の計算にもっていけます。最後に1回だけ、引き算をすれば完了です。たくさんある足し算については§13で紹介するテクニックを使うと効率よく計算できます。

**例題**

❶ 28－12＋73－29

```
  28        一括して    12
  73         引く       29
 ───         ↓        ───        → 60
 101         －         41
(足し算を集める)      (引き算を集める)
```

❷ 433－522＋679－211＋831－198

```
  433       一括して    522
  679        引く       211
  831         ↓        198
 ────        －        ────       → 1012
 1943                   931
(足し算を集める)      (引き算を集める)
```

## 08  102＋97＋105＋99＝100×4… と考える

$$102＋97＋105＋99$$
$$\Rightarrow \underline{100}×4＋(2－3＋5－1)$$

基準となる数 ↑　　　　　↑ ズレの補正

　上の計算は、すべて100に非常に近い数同士の足し算になっています。まじめに計算しても面白くありませんし、ミスしやすいもの。こういう場合は、**まず基準となる数（ここでは100）を適当につくって「基準数×4」のように一度に計算します。その後に基準数からズレた分を足したり、引いたりするとミスも少なく、計算も速くなります。** 基準数は何をあててもかまいませんが、足し算や引き算が簡単になるような数を選びましょう。

**例題**

❶ 49＋52＋54＋48
　＝(50－1)＋(50＋2)＋(50＋4)＋(50－2)
　＝50×4＋(－1＋2＋4－2)
　＝200＋3
　＝203

❷ 812＋799＋783＋802
　＝(800＋12)＋(800－1)＋(800－17)＋(800＋2)
　＝800×4＋(12－1－17＋2)
　＝3200－4
　＝3196

## 09 「キリのいい相棒」を探せ！

$$102+309+191+98$$
$$\Rightarrow (102+98)+(309+191)$$

　闇雲に計算を実行するのは愚の骨頂です。数式を見たら、まず一呼吸置きます。速算のコツは、「この計算に即した簡単にできる方法はないか」を考えることです。この時、考慮したいのは**うまい組み合わせを考えて、なんとかキリのいい数をつくれないものか**ということです。いわゆるパートナー探しです。もちろん、キリのいい数は100に限りません。30でも、200でもかまいません。

**例題**　❶ 99+508+301+392
　　　　　=(99+301)+(508+392)
　　　　　=400+900=1300

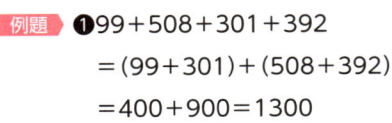
相棒を探す
7+3=10

❷ 5+7+8+5+6+3

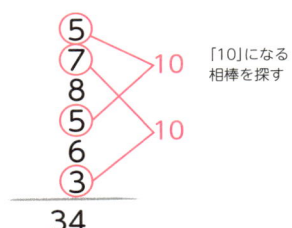

「10」になる相棒を探す

34

❸ −5+7+8+5−6+3

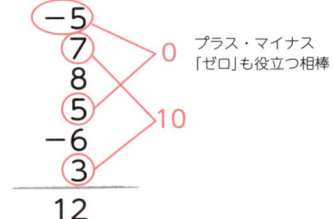

プラス・マイナス「ゼロ」も役立つ相棒

12

## 10 同じ数の多い足し算・引き算は「省力計算」で

$$3+5+4+5+5+6+3+3+5+3$$
$$\Rightarrow 5\times 4 + 3\times 4 + 4 + 6$$

**パターン**

$$● + □ + ◇ + ● + ● + ○$$
$$= \underbrace{● \times 3}_{\text{掛け算に変換！！}} + (□ + ◇ + ○)$$

　掛け算は、もともとは同じ数の足し算を素早く計算するために考えられたものです。したがって、問題によっては掛け算をうまく使うことにより速算が可能になります。全部でなくても、同じ数を集められるだけ集めて掛け算で省力計算します。

**例題** ❶ 5+5+8+5+6+5　　❷ 7−3+5+7−3−3+7

❶
5
5
8
5
6
5
$5\times 4 = 20$
同じ数はできるだけまとめて「足し算」
→「掛け算」にする

34

❷
7
−3
5
7
−3
−3
7

$7 \times 3 = 21$
$-3 \times 3 = -9$

17

## 11 「繰り下がり」引き算のグッドな補数術

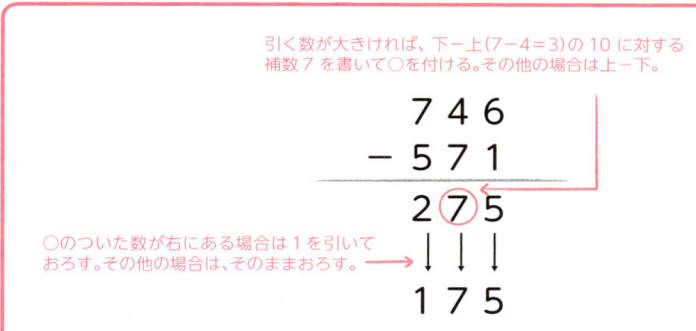

```
        引く数が大きければ、下−上(7−4=3)の 10 に対する
        補数 7 を書いて○を付ける。その他の場合は上−下。

           7 4 6
         − 5 7 1
         ─────────
           2 ⑦ 5
○のついた数が右にある場合は 1 を引いて
おろす。その他の場合は、そのままおろす。 → ↓ ↓ ↓
           1 7 5
```

　引き算の正攻法は、まず互いの「一の位」に着目し、上の数から下の数を引きます。この場合、下の数が上の数より大きければ、十の位から1（つまり10）を借りてきて引きます。これが「繰り下がり」の計算です。その後、同じような操作を十の位、百の位と続けていけば必ず答えが出ます。

　しかし、繰り下がりのある引き算は計算が面倒です。そこで考え出されたのが次の方法です。

（ⅰ）各位の上の数から下の数を引きます（どこの位から計算してもかまいません）。ここで、下の数の方が上の数よりも大きい場合は、下から上を引いた数の10に対する補数を書いて○で囲みます。例えば「5−7」であれば、「7−5＝2」とし、その補数8を書いて○で囲むのです。

（ⅱ）各位において、右隣に○数字がある時は1を引きます。ない

場合はそのままの数とします。なお、0の右隣に〇数字がある場合は、0の左の位から1を借りて10から1を引いた9とします。この時、左の位の数は1減ることになります。

　この（ⅰ）（ⅱ）より繰り下がりのある引き算も簡単に答えを求められます。なぜ、このような計算が許されるのでしょうか。それは、ある位において下の数字が上の数字より大きい場合には、上位から1を借りてきて（実質は10）、上の値に足してから下を引くからです。下の例を参照してください。

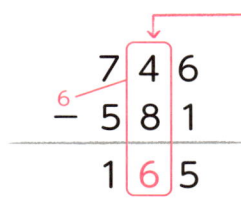

(ⅰ) 4－8はできないので、百の位から1を借りてきて、14－8＝6となる。この「6」は8－4、つまり下－上の補数になっている。

(ⅱ) この時、百の位は「－1」となる。

**例題** ❶ 2246－591

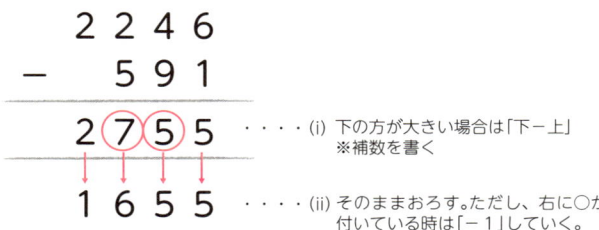

・・・・(ⅰ) 下の方が大きい場合は「下－上」
　　　　※補数を書く

・・・・(ⅱ) そのままおろす。ただし、右に〇が付いている時は「－1」していく。

❷41651−39675

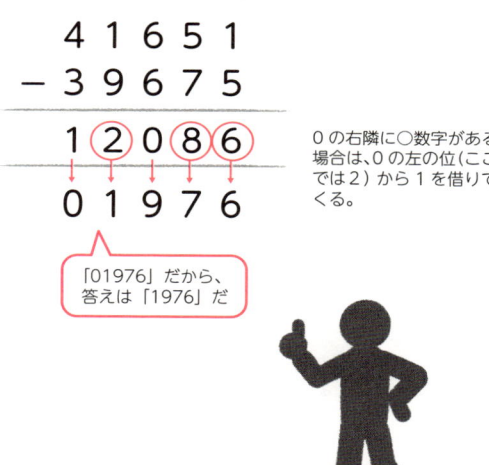

0の右隣に○数字がある場合は、0の左の位（ここでは2）から1を借りてくる。

「01976」だから、答えは「1976」だ

## 12 引く数を「キリのいい数」にしてから引け

$$75 - 58 \Rightarrow (75 + 2) - (58 + 2)$$

58をキリのいい60にして引く

**パターン**

$$□ - ○ = (□ + ◇) - (○ + ◇)$$

　引き算は引く数のキリがいいと簡単です。といっても、都合よく60や80などのようなキリのいい数とは限りません。そんな時には、次のテクニックが有効です。

**「引く数を、キリのいい数にしてから引け！」**

　引かれる数は無視して、引く数をキリのいい数にします。75－58であれば「58」を「60」とします。これなら簡単に引き算できるでしょう。2を足したので、75にも同じだけ加えます。

75－58
＝(75＋2) －(58＋2)　　――引く数をキリのいい数にして、
＝77－60　　　　　　　　　引き算をラクにする
＝17

「ないもの」を「あるもの」と考えて速算に利用するのです。

**例題** ❶ 981−67
 =(981+3) −(67+3) ── キリのいい数にする
 =984−70
 =914

❷ 759−298
 =(759+2) −(298+2) ── キリのいい数にする
 =761−300
 =461

❸ 981−62
 =(981−2) −(62−2) ── キリのいい数にする
 =979−60
 =919

## コラム お坊さんとロバの「不思議な遺産分け」

　前節で紹介した「ない」ものを「ある」とみなすとうまくいく有名な逸話が「坊さんとロバ」です。今、17頭のロバを持っていたお父さんが3人の子供に次の遺書を残して亡くなりました。

長男　……　17頭のロバの1/2を与える
次男　……　17頭のロバの1/3を与える
三男　……　17頭のロバの1/9を与える

　遺言通りにすると、長男は8.5頭、次男は5.666…頭、三男は1.888…頭となります。小数点以下を分けるために、ロバを殺しては元も子もありません。そこへお坊さんが現れ、3人に「私のロバを1頭あげるから18頭にして分け合いなさい」といいました。お坊さんの1頭を足してから遺言通りに分けると、次のようになります。

長男　……　18頭のロバの1/2 → 9頭（＞ 8.5頭）
次男　……　18頭のロバの1/3 → 6頭（＞ 5.666…頭）
三男　……　18頭のロバの1/9 → 2頭（＞ 1.888…頭）

　ロバの頭数は遺言より増えた上に端数がないので3人とも大満足。この時、3人に分け与えられたロバの総数は 9 + 6 + 2 = 17 です。18 − 17 = 1 ですから、お坊さんは残った1頭のロバに乗って去って行ったそうです。なぜこうなるのか、考えてみてください。

## 13 繰り上がり記号「・」で足し算を効率アップ

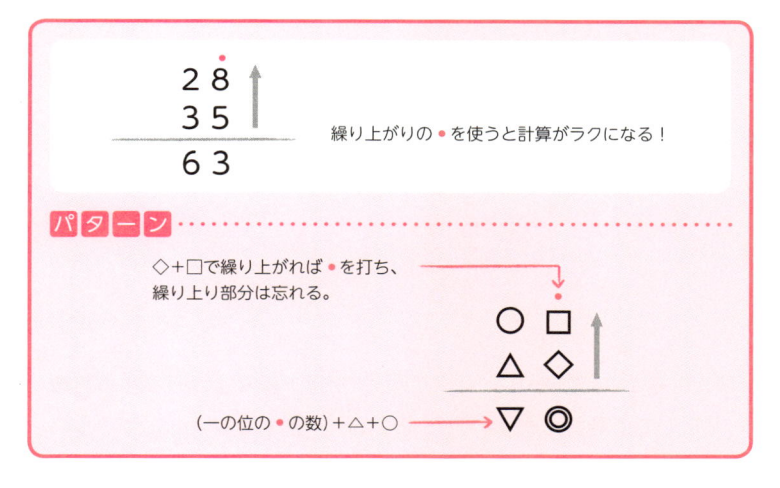

```
  2 8̇
  3 5
─────
  6 3
```

繰り上がりの • を使うと計算がラクになる!

**パターン**

◇+□で繰り上がれば • を打ち、
繰り上がり部分は忘れる。

```
   ○ □̇
   △ ◇
─────
   ▽ ◎
```

(一の位の • の数)+△+○ → ▽

　足し算で各位の数字を足していく時、途中で繰り上がりがあると2ケタの足し算になって難しくなります。そこで、**繰り上がるたびにその箇所に点「・」を打ち、繰り上がりはいったん忘れます。すると、いつでも下1ケタの数のみを計算すればいいことになります。**繰り上がりの数は後で点の数をカウントすればよいのです。

（ⅰ）一の位の◇に□を加えて、繰り上がれば□の上に点を打ち、繰り上がらなければ点を打たない。その後、◇と□の和の値の一の位に相当する◎のみを下に書く。

（ⅱ）一の位の点の数と十の位の数△、○を下から上に足した値である▽を書く。

足す数が2個以上でも、ケタ数が大きくても同じです。以下に具体例を2つ紹介します。最初の例については詳しい説明をしておきましょう。

◎98＋65＋73＋46
（ⅰ）まずは縦に書きます。

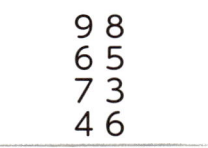

```
  9 8
  6 5
  7 3
  4 6
―――――
```

（ⅱ）一の位の数を下から上に足していき、繰り上がりが生じた数字の上に点を打ちます。ここでは、6＋3＋5＝14なので5の上に点を打ちます。その後、繰り上がったことは忘れ、下1ケタの4のみ上へ足していきます。

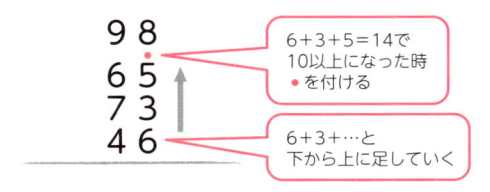

> 6＋3＋5＝14で
> 10以上になった時
> ● を付ける

> 6＋3＋…と
> 下から上に足していく

（ⅲ）4＋8＝12で繰り上がりが生じたので8の数字の上にも点を打ちます。ここで、一の位の計算は終わりなので12の下1ケタの2のみ下に書きます。

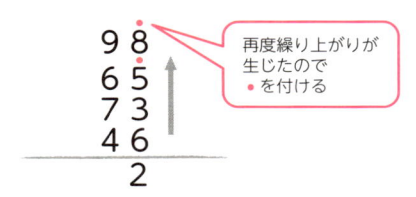

> 再度繰り上がりが
> 生じたので
> ● を付ける

（ⅳ）一の位の数字の上に打った点の数が2つなので、この2を十の位の数に足します。一の位と同様、下から上に足していき、繰り上がりが生じたらその箇所の数字の上に点を打ちます。ここでは、2 + 4 + 7 = 13 だから7の上に点を打ちます。その後、繰り上がったことは忘れ 13 の下1ケタの3のみ上へ足していきます。

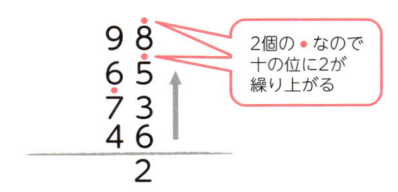

```
 9 8
 6 5
・7 3
 4 6
─────
     2
```

> 2個の●なので
> 十の位に2が
> 繰り上がる

（ⅴ）3 + 6 + 9 = 18 で繰り上がりが生じたので9の数字の上に点を打ちます。ここで、十の位の計算は終わりなので 18 の下1ケタの8のみ下に書きます。

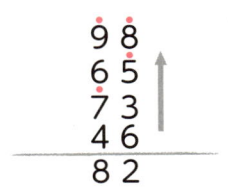

```
・9 8
 6 5
・7 3
 4 6
─────
   8 2
```

（ⅵ）最後に、十の位の数字の上に打たれた点の数2を百の位に書きます。

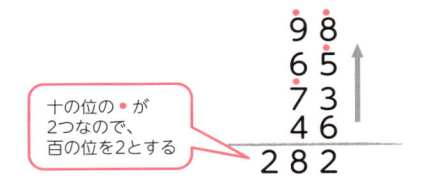

```
・9 8
 6 5
・7 3
 4 6
─────
 2 8 2
```

> 十の位の●が
> 2つなので、
> 百の位を2とする

◎384＋752＋698

　説明が冗長になるので計算結果のみにします。左が下から上へ足して計算する例で、右は上から下へ足して計算する例となります。

```
  3 8 4          3 8 4
  7 5 2          7 5 2
  6 9 8          6 9 8
─────────      ─────────
  1 8 3 4        1 8 3 4
```

**例題** 次の計算をしてみましょう。

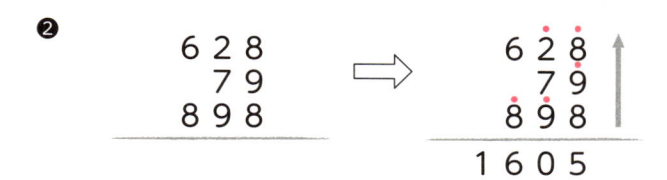

❶
```
  3 8
    5
  7 6
  8 7
  4 2
─────
      ⇒    2 4 8
```

❷
```
  6 2 8
    7 9
  8 9 8
───────
        ⇒   1 6 0 5
```

❸
```
  5 3 8 4
  1 9 8 7
  6 6 7 4
  9 1 5 5
─────────
          ⇒  2 3 2 0 0
```

040

## 14 大きな数の足し算は「2ケタ区切り」で！

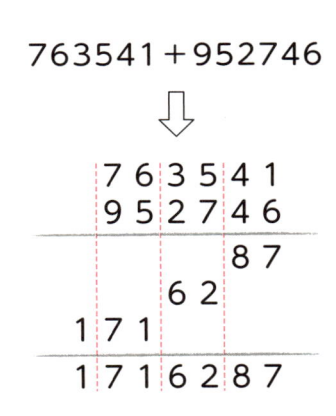

```
       763541＋952746
              ⇩
       7 6 3 5 4 1
       9 5 2 7 4 6
               8 7
            6 2
       1 7 1
       1 7 1 6 2 8 7
```

　通常のケタ数の大きい数同士の足し算は、まず縦書きにし、一の位から足して最上位までいったら終わりです。ただし、途中で繰り上がりがある場合は、その処理をしながら上位に向かいます。

　これに対して、速算では上記の例のように、**まず2ケタずつ区切った中で足し算をします。最後に繰り上がりに注意しながら2ケタごとの和をとります。**

　たったこれだけで、ケタ数の大きい足し算がスピーディに計算できます。少しスペースを取りますが、確実です。

```
    9 4 0 9 7 3 8 5
    5 2 1 7 4 2 5 7
                1 4 2
            1 1 5
          2 6
    1 4 6
    1 4 6 2 7 1 6 4 2
```

> 1ケタずつだと8回計算&繰り上がりもあるけど、2ケタずつだと4回の計算で済むよ。

　もちろん2ケタごとではなく、1ケタごと、3ケタごとで和をとる方法もあります。下記左は1ケタごと、右は3ケタごとの和の例です。

```
    9 4 0 9 7 3 8 5              9 4 0 9 7 3 8 5
    5 2 1 7 4 2 5 7              5 2 1 7 4 2 5 7
                1 2                          6 4 2
              1 3                        2 7 1
              5                    1 4 6
            1 1
          1 6
          1
        6
    1 4
    1 4 6 2 7 1 6 4 2            1 4 6 2 7 1 6 4 2
```

## コラム アラビア数字のありがたさ

　普段から使っているものは、ありがたさや便利さに気づきにくいものです。それは数字の世界でも同様です。

　我々がいつも使っている「０１２３４５６７８９」という数字は、**アラビア数字**と呼ばれるものです。これは**インド数字**に起源を持つ十進記数法の数字です。インド起源なのに「アラビア数字」と呼ぶのはアラビアを経由してヨーロッパに伝わったためです。「算用数字」ともいいます。

　このアラビア数字の他に、**ローマ数字**があります。下表はローマ数字とアラビア数字を対比させたものですが、計算にはアラビア数字の方が優れているのは一目瞭然でしょう。しかも、ローマ数字には０に該当する数字は存在しません。

| ローマ数字 | アラビア数字 |
|---|---|
| I | 1 |
| II | 2 |
| III | 3 |
| IV | 4 |
| V | 5 |
| VI | 6 |
| VII | 7 |
| VIII | 8 |
| IX | 9 |
| X | 10 |
| XI | 11 |
| XII | 12 |
| XIII | 13 |

| ローマ数字 | アラビア数字 |
|---|---|
| XIV | 14 |
| XV | 15 |
| XVI | 16 |
| XVII | 17 |
| XVIII | 18 |
| XIX | 19 |
| XX | 20 |
| XXX | 30 |
| XL | 40 |
| L | 50 |
| LX | 60 |
| LXX | 70 |
| LXXX | 80 |

| ローマ数字 | アラビア数字 |
|---|---|
| XC | 90 |
| C | 100 |
| CC | 200 |
| CCC | 300 |
| CD | 400 |
| D | 500 |
| DC | 600 |
| DCC | 700 |
| DCCC | 800 |
| CM | 900 |
| M | 1000 |
| MM | 2000 |
| MMM | 3000 |

　アラビア数字、ローマ数字の他にも**漢数字**がありますが、こちらも計算には向いていないようです。

35の2乗、41×39、99×…などの秒速計算テクニックを紹介します。ただ、これらの掛け算・割り算の速算術の原理は実にシンプル。ここでも、足し算、引き算の時と同様、キリのいい数と補数が大活躍。合わせて賢い筆算術も大公開します。

PART_2

# 「×」「÷」で
# 発揮される速算の凄み

## 15 「超速・掛け算」3つの原理

(式の展開原理)

$$(\bigcirc + \square)(\blacktriangle + \blacklozenge) = \underset{①}{\bigcirc\blacktriangle} + \underset{②}{\bigcirc\blacklozenge} + \underset{③}{\square\blacktriangle} + \underset{④}{\square\blacklozenge}$$

**パターン**

1. $(a+b)(c+d) = ac+ad+bc+bd$
2. $(a\pm b)^2 = a^2 \pm 2ab + b^2$ (複号同順)
3. $(a+b)(a-b) = a^2 - b^2$

ここからは掛け算による速算について解説していきます。速算の原理は実に単純です。基本は上の3つのパターンを上手に使うだけです。これらの公式はできたら頭に入れておくといいでしょう。

**例題**

❶ $201 \times 302$
$= (200+1)(300+2)$
$= 60000 + 400 + 300 + 2$
$= 60702$

❷ $203^2$
$= (200+3)^2$
$= 40000 + 1200 + 9$

=41209

❸201×199
=(200+1)(200−1)
=40000−1
=39999

ところで、前ページ❷の（a±b)²という形の展開式は2乗が3乗、4乗…と大きくなると非常に複雑で、とても展開式を覚えきれません。しかし、係数に着目すると、それはパスカルの三角形にしたがいますから、展開式など覚えなくても大丈夫です。

$$(a \pm b)^0 = 1$$
$$(a \pm b)^1 = a \pm b$$
$$(a \pm b)^2 = a^2 \pm 2ab + b^2$$
$$(a \pm b)^3 = a^3 \pm 3a^2b + 3ab^2 \pm b^3$$
$$(a \pm b)^4 = a^4 \pm 4a^3b + 6a^2b^2 \pm 4ab^3 + b^4$$

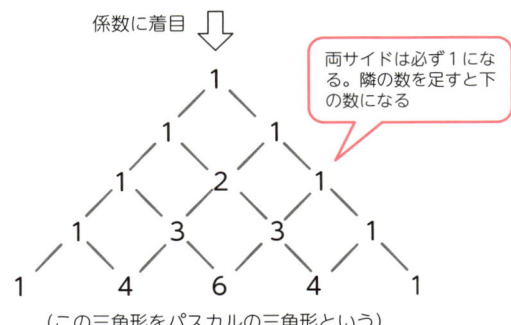

係数に着目 ⇩

```
            1
          1   1
        1   2   1
      1   3   3   1
    1   4   6   4   1
```

（この三角形をパスカルの三角形という）

> 両サイドは必ず1になる。隣の数を足すと下の数になる

## 16 「十の位が1」の2ケタ同士の掛け算

$$13 \times 15 \Rightarrow (10+3+5) \times 10 + 3 \times 5 \Rightarrow 195$$

**パターン**

$$1○ \times 1□ = (10+○+□) \times 10 + ○ \times □$$

11から19までの2ケタの数同士の掛け算の答えは4ケタにはなりません。必ず3ケタになり、しかも各ケタは次のようになります。

上位2ケタは「10＋双方の一の位の和」
下位1ケタは「双方の一の位の積」（2ケタになれば繰り上がる）

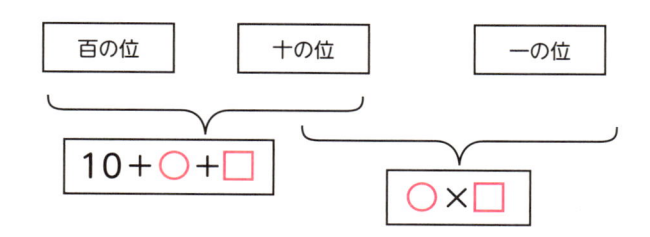

```
┌──────┐  ┌──────┐      ┌──────┐
│百の位│  │十の位│      │一の位│
└──────┘  └──────┘      └──────┘
    ┌─────────────┐        ┌──────┐
    │  10＋○＋□  │        │ ○×□ │
    └─────────────┘        └──────┘
```

**例題1** ❶ 14×15
　　　＝(10＋4＋5)×10＋4×5
　　　＝190＋20
　　　＝210

❷11×15
 =(10+1+5)×10+1×5
 =160+5
 =165

❸17×11
 =(10+7+1)×10+7×1
 =180+7
 =187

❹17×14
 =(10+7+4)×10+7×4
 =210+28
 =238

❺18×12
 =(10+8+2)×10+8×2
 =200+16
 =216

　実に簡単かつ便利です。では、2ケタ同士の掛け算でこのような計算ができるのか見てみましょう。十の位が1である2ケタの2つの整数を「10＋a」「10＋b」とすると、次のように表わせます（a、bは0以上9以下の整数）。

(10+a)(10+b)
=100+10a+10b+ab
=(10+a+b)×10+ab ……①

この①のa、bをそれぞれ○、□で表わすと、

(10＋○＋□)×10＋○×□ となり、パターンの式が成り立ちます。冒頭の問題を当てはめると、次のようになります。

13×15＝(10＋3＋5)×10＋3×5

この速算術は、例えば「13×24」でも使えます。その場合は、(13×12)×2とすればよいからです。

**例題2** 次の計算をしてみましょう。

❶12×13

上2ケタは10＋2＋3の15（つまり150）、下1ケタは2×3の6。答えは150＋6＝156。

❷14×13

上2ケタは10＋4＋3の17（つまり170）、下1ケタは4×3の12。12の1が繰り上がって、答えは170＋12＝182。

❸14×18

上2ケタは10＋4＋8の22（つまり220）、下1ケタは4×8の32。32の3が繰り上がって、答えは220＋32＝252。

❹18×19

上2ケタは10＋8＋9の27（つまり270）、下1ケタは8×9の72。72の7が繰り上がって、答えは270＋72＝342。

# 17 2ケタ×2ケタが激ラク化する筆算術

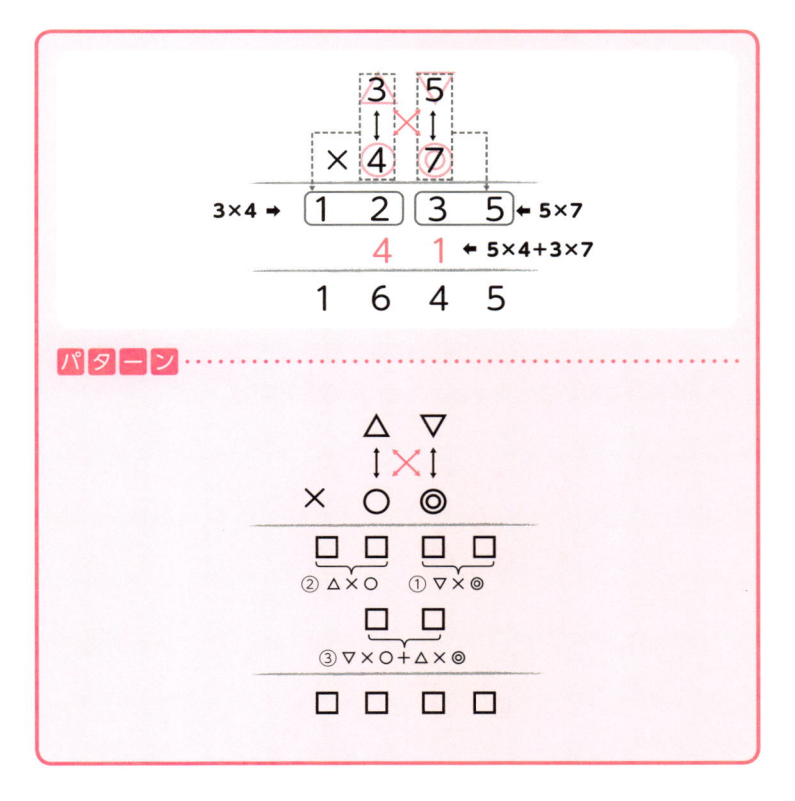

```
        3   5
        ↓ × ↓
      × 4   7
3×4 → 1 2 3 5 ← 5×7
        4 1 ← 5×4+3×7
      ─────────
      1 6 4 5
```

パターン

```
        △   ▽
        ↓ × ↓
      × ○   ◎
      □ □ □ □
      ②△×○ ①▽×◎
        □ □
      ③▽×○+△×◎
      □ □ □ □
```

　2ケタの数同士の掛け算は、通常はすべて掛け合わせねばなりません。けれども、上図パターンでは、**①一の位の数同士の掛け算、②十の位の数同士の掛け算、③一の位と十の位の数を互い違いに掛けて足す**——それらをすべてプラスすることで答えが得られます。途中の繰り上がりを考えなくて済み、速算につながります。なお、3ケタ以上の数同士の掛け算の場合は、99ページの方法が有効で

す。

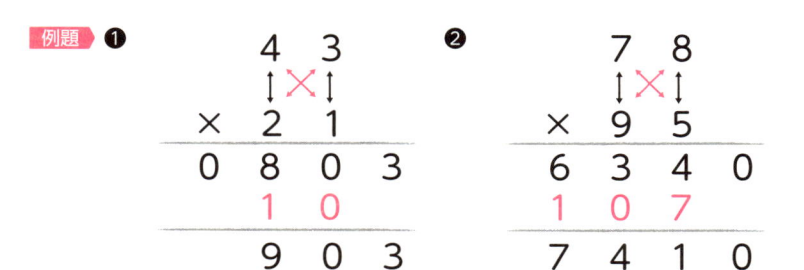

**例題** ❶

```
    4 3
    ↕✕↕
  × 2 1
  ─────
  0 8 0 3
    1 0
  ─────
    9 0 3
```

❷

```
    7 8
    ↕✕↕
  × 9 5
  ─────
  6 3 4 0
    1 0 7
  ─────
  7 4 1 0
```

もし、対角線同士の掛け算の結果を暗算で足すのが難しいなら、2つに分けて書くことをお勧めします（■の部分）。

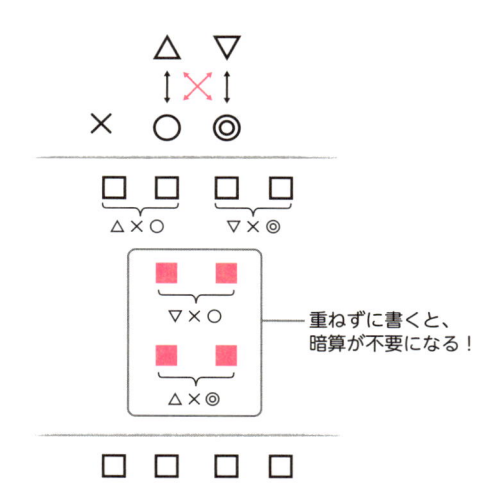

```
        △ ▽
        ↕✕↕
      ×  ○ ◎

      □ □   □ □
       ⌣     ⌣
      △×○   ▽×◎

      ┌─────────────┐
      │ ■   ■       │
      │  ⌣          │
      │ ▽×○         │
      │             │
      │ ■   ■       │
      │  ⌣          │
      │ △×◎         │
      └─────────────┘

      □ □ □ □
```

— 重ねずに書くと、暗算が不要になる！

## 18 「11の掛け算」は数字を書き写すだけ

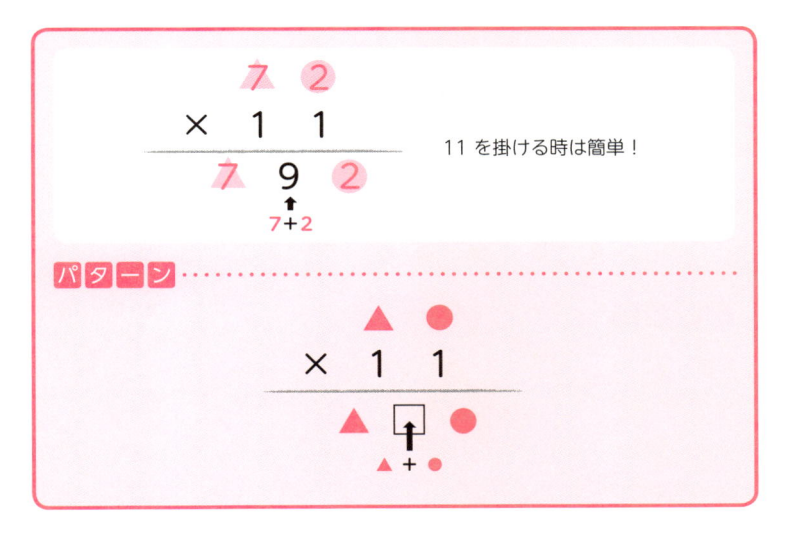

```
      7 2
  ×   1 1
  ─────────
      7 9 2
        ↑
       7+2
```
11を掛ける時は簡単！

**パターン**

```
      ▲ ●
  ×   1 1
  ─────────
      ▲ [↑] ●
          ▲+●
```

2ケタの数字と11の掛け算は上記のパターンで示したようになります。つまり、11を掛けられる2ケタの数（▲●）の一の位と答えの一の位が同じ数（●）になり、2ケタの数の十の位が答えの百の位と同じ数（▲）になり、一の位と十の位の数を足した値が答えの十の位の数（▲+●）になります。なお、この十の位の数が2ケタになれば繰り上がります。

**例題**

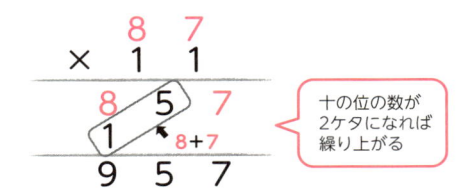

```
      8 7
  ×   1 1
  ─────────
      8 5 7
      1 ↑ 8+7
      9 5 7
```

十の位の数が2ケタになれば繰り上がる

## 19 「3ケタ×1ケタ」にも筆算術が活きる

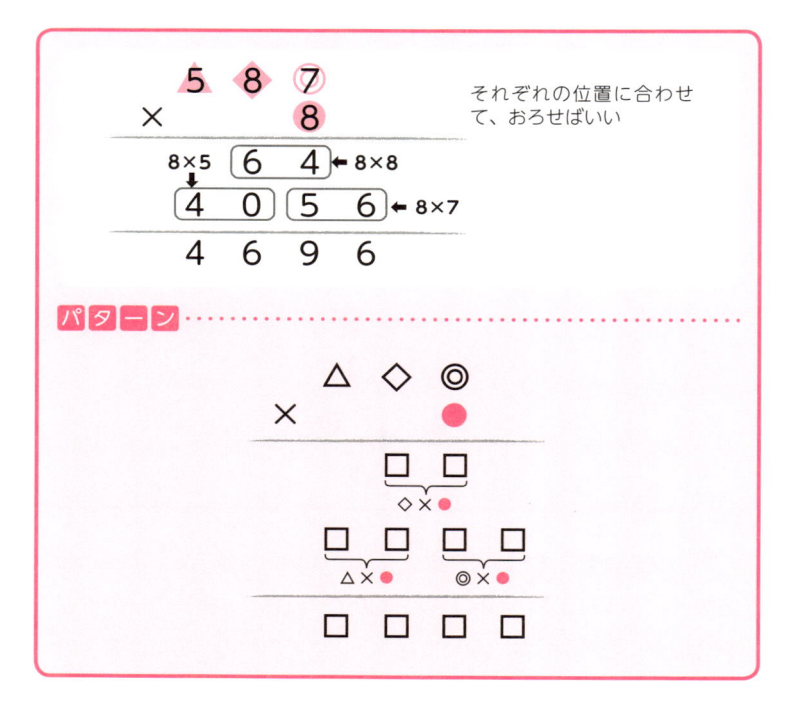

```
      5  8  7
   ×        8
  ┌──────────┐
8×5│  6  4 │← 8×8
  ↓├──────────┤
   │4  0  5  6│← 8×7
   └──────────┘
    4  6  9  6
```

それぞれの位置に合わせて、おろせばいい

**パターン**

```
       △  ◇  ◎
   ×         ●
         □  □
         ◇×●
      □  □  □  □
      △×●     ◎×●
      □  □  □  □
```

　3ケタの数と1ケタの数の掛け算は上記のパターンで示したように、まず3ケタの十の位の数（◇）と1ケタの数（●）を掛けます。次に、3ケタ数字一の位（◎）と1ケタの数（●）、3ケタの百の位の数（△）と1ケタの数（●）をそれぞれ掛けた値を、一行下げて左右2ケタずつにして書きます。最後に上下の行を足せば終了です。この計算方法は一見複雑ですが、繰り上がりを気にせず九九の計算でスイスイ進むところにメリットがあります。

## 20 「一の位が5」の2乗なら秒速解答!

$$35^2 \Rightarrow \overset{3\times(3+1)=12}{\boxed{\phantom{0}}\boxed{\phantom{0}}\boxed{2}\boxed{5}} \Rightarrow 1225$$

平方の計算です。「□5」のように一の位が5の場合、答えの下2ケタは常に25、上2ケタは□×(□+1)になります。とにかく一の位が「5」でさえあればいいのです。これは簡単ですね。例えば、$15^2$ であれば、下2ケタは25で決まり、上のケタは $1×(1+1)=2$ なので「225」ですね。例題で使い方をマスターしてみましょう。

**例題1** ❶

$$65^2 = \overset{42\;(=6\times 7)}{\boxed{\phantom{0}}\boxed{\phantom{0}}\boxed{2}\boxed{5}} = 4225$$

❷

$$105^2 = \overset{110\;(=10\times 11)}{\boxed{\phantom{0}}\boxed{\phantom{0}}\boxed{\phantom{0}}\boxed{2}\boxed{5}} = 11025$$

❷は数値が3ケタでしたが、大丈夫でしたか? どうしてこのような不思議な計算ができるのか見てみましょう。

まず、一の位が5であるnケタの数を「10a + 5」(aはn − 1ケタの整数)とすると、その2乗は次のように表わせます。

$(10a+5)^2$
$=100a^2+100a+25$
$=100a(a+1)+25$

これを見ると、$100a(a+1)$ はまさに百の位以上の部分で、25 は下 2 ケタの数に相当するのがわかります。2 ケタ数字の 2 乗だけでなく、3 ケタ数字の 2 乗にも挑戦してみましょう。$995^2$ を解いてみせたら、まわりの人は必ず驚きますよ。

**例題 2** ❶

$$55^2 = \overbrace{\Box\,\Box}^{30\ (=5\times6)}\,\boxed{2}\,\boxed{5} = 3025$$

❷

$$995^2 = \overbrace{\Box\,\Box\,\Box\,\Box}^{9900\ (=99\times100)}\,\boxed{2}\,\boxed{5} = 990025$$

> $995^2$ というと大変そうだが 99×100 に 25 を付けるだけなら簡単にできる

❸

$$205^2 = \overbrace{\Box\,\Box\,\Box}^{420\ (=20\times21)}\,\boxed{2}\,\boxed{5} = 42025$$

# 21 「一の位の和が10」で「他の位が同数」の掛け算

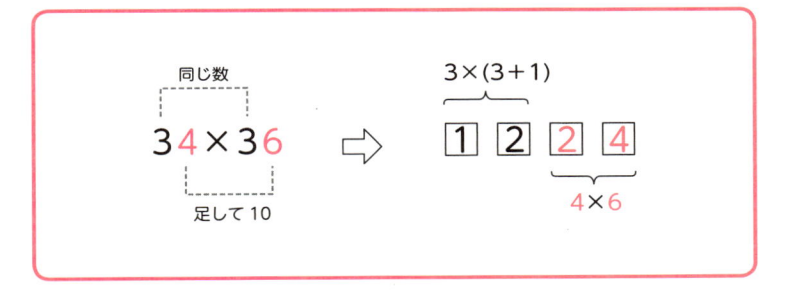

```
        同じ数                3×(3+1)
      ┌──────┐              ┌──┐
      3 4 × 3 6      ⇨      1 2 2 4
        └──────┘                 └──┘
         足して10                  4×6
```

　これも便利な速算術です。前節の「一の位が5である数の2乗」を一般化したものです。一の位の数の和が10で、他の位の数が同じであれば、どんな大きなケタの掛け算でも使えます。

　上記の34×36は、一の位の数を足すと10、他の位が同じ数字なのでパターンにあてはまります。まず一の位の数同士を掛けて4×6＝24、次に十の位の数を□×(□＋1)の公式に当てはめて3×(3＋1)＝12。答えは1224になります。

**例題1** ❶

$$52 \times 58 = \underbrace{\square\square}_{30\,(=5\times6)} \underbrace{\boxed{1}\boxed{6}}_{2\times8} = 3016$$

❷

$$593 \times 597 = \underbrace{\square\square\square\square}_{3540\,(=59\times60)} \underbrace{\boxed{2}\boxed{1}}_{3\times7} = 354021$$

驚くべき計算です。どうしてこうなるのか見てみましょう。

一の位の数の和が 10 である n ケタの 2 つの整数を「10a + b」「10a + c」（a は n − 1 ケタの整数、b + c = 10）とすると、次のように表わせます。

$(10a+b)(10a+c)$
$=100a^2+10a(b+c)+bc$
$=100a^2+100a+bc$
$=a(a+1)\times 100+bc$

> b+c=10なので
> 10a(b+c)=10a×10=100a
> となる

したがって、a (a + 1) はまさに百の位以上の部分であり、bc は下 2 ケタの数に相当することがわかります。

例題2 ❶

$$73\times 77 = \underbrace{\square\square}_{56\ (=7\times 8)}\underbrace{2\ 1}_{3\times 7} = 5621$$

❷

$$503\times 507 = \underbrace{\square\square\square\square}_{2550\ (=50\times 51)}\underbrace{2\ 1}_{3\times 7} = 255021$$

❷のような 3 ケタ同士の掛け算でも、暗算でできるようになります。

## 22 「下2ケタの和が100」で「最上位が同数」の掛け算

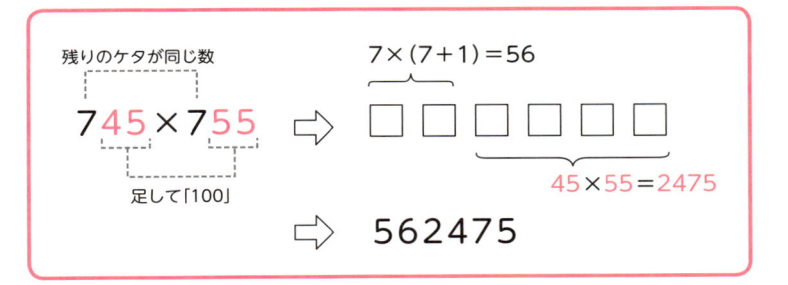

```
残りのケタが同じ数
 7 45 × 7 55     ⇒    □□□□□□      7×(7+1)=56
    足して「100」                   45×55=2475

                 ⇒    562475
```

745 × 755 や 562 × 538 のように、下2ケタの和が100（45+55 = 100、62+38 = 100）になり、残りのケタ（ここでは百の位）が同数――このような数同士の掛け算も速算によって解けます。

上記の 745 × 755 の場合、7 ×（7 + 1）= 56、45 × 55 = 2475 で、答えは 562475 となります。ただ、最低でも 45 × 55 のような2ケタ同士の掛け算が登場するため、暗算でこなすには一の位が5あるいは1のような簡単なものがいいでしょう。

ところで、この速算術は前節の「一の位の和が10、他の位が同数の掛け算」を一般化したものだと、お気づきでしょうか。下2ケタの和が100、下3ケタの和が1000、さらには10000であっても、残りのケタが等しければ成り立ちます。

**例題1**

$$952 \times 948 = \square\square\square\square\square\square = 902496$$

$9 \times 10 = 90$

$52 \times 48 = 2496$

$(50+2)(50-2) = 2500 - 4 = 2496$

4ケタ同士の計算問題も試してみましょう。普通ならとうてい暗算では不可能ですが、この速算術を使うと暗算でもうまくいくはずです。

**例題2**

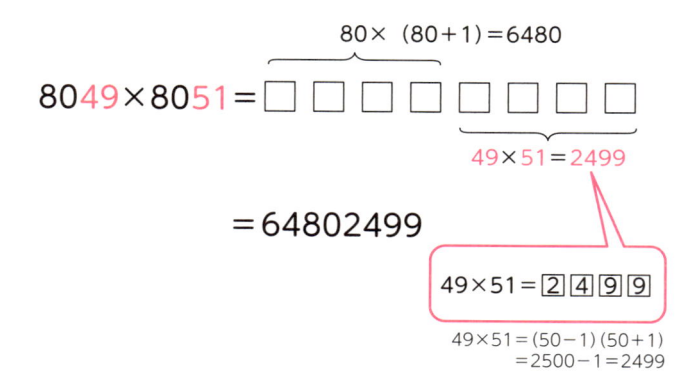

$$8049 \times 8051 = \square\square\square\square\square\square\square\square$$

$80 \times (80+1) = 6480$

$49 \times 51 = 2499$

$$= 64802499$$

$49 \times 51 = \boxed{2}\boxed{4}\boxed{9}\boxed{9}$

$49 \times 51 = (50-1)(50+1)$
$= 2500 - 1 = 2499$

## 23 「一の位が同数」で「十の位の和が10」の掛け算

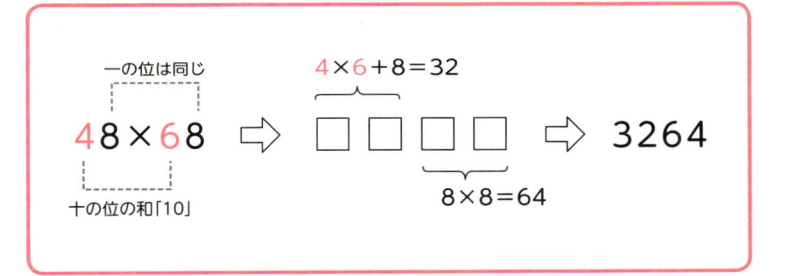

```
    一の位は同じ         4×6+8=32
  ┌─────┐         ┌────┐
  48 × 68   ⇨   □□□□   ⇨  3264
  └─────┘             └──┘
  十の位の和「10」         8×8=64
```

　上記を見てください。一の位が同じ数で、十の位が「足して10」になる数同士の掛け算です。この場合、答えは基本的には4ケタの整数になります（3ケタの場合もあります）。下2ケタは同数の一の位同士を掛けた値（上の場合は8×8）に、上2ケタは十の位の数同士を掛けた値（4×6）に一の位の数（8）を加えた値になります。これなら暗算でも可能です。

**例題1** ❶

$$32 \times 72 = \underbrace{\square\square}_{23\,(=3\times7+2)}\underbrace{\square\square}_{04\,(=2\times2)} = 2304$$

❷

$$24 \times 84 = \underbrace{\square\square}_{20\,(=2\times8+4)}\underbrace{\square\square}_{16\,(=4\times4)} = 2016$$

一の位の数をcとします。一の位が同じで、十の位の和が10である2つの数を「10a + c」「10b + c」とすると（ただし、a、bは1ケタの整数でa + b = 10）、次のように計算できます。

(10a+c)(10b+c)
$= 100ab + 10c(a+b) + c^2$
$= 100ab + 100c + c^2$　　a+b=10なので
$= (ab+c) \times 100 + c^2$

(ab + c) × 100は十の位の数aとbを掛けた数に一の位の数cを加えた値を100倍しています。したがって、ab + cは百と千の位の数になります。また、一の位の数cの2乗である$c^2$は一の位と十の位の数になります。

**例題2** ❶

53 × 53 ＝ □□□□ ＝ 2809

28 (=5×5+3)
09 (=3×3)

❷

69 × 49 ＝ □□□□ ＝ 3381

33 (=6×4+9)
81 (=9×9)

❸

33 × 73 ＝ □□□□ ＝ 2409

24 (=3×7+3)
09 (=3×3)

## 24　21×19、51×49は「イッパツ掛け算」で

同じ数を使う

21×19 ⇨ (20+1)(20−1)
　　　 ⇨ 400−1 ⇨ 399

**パターン**

(○+□)(○−□) = ○² − □²

　この計算は、2つの数の真ん中の値（平均値）に着目したものです。つまり§15の❸のパターンで、「和と差の積の公式」と呼ばれています。

　上記の21×19の場合、まず21と19の真ん中の値＝平均値20に着目します。次に、この20と2つの数の差±1を利用すると、21×19は次のように「和と差の積」で表現できます。さらに、上記パターンに当てはめれば簡単に答えを得られます。

21×19 = (20+1)(20−1)
　　　 = $20^2 − 1^2$
　　　 = 400 − 1
　　　 = 399

**例題1** ❶22×18
　=(20+2)(20-2)
　=400-4
　=396

❷98×102
　=(100-2)(100+2)
　=10000-4
　=9996

❸17×13
　=(15+2)(15-2)
　=$15^2-2^2$
　=225-4
　=221

❸の計算では、計算途中で $15^2 = 225$ が出てきますが、これは知っているものとしています。超速算術を試みる時、できるだけ暗算でやっていこうとすると、11～19の2乗の値は覚えておくと便利です（205ページ参照）。

一般にa×bを和と差の積（m + n）(m − n) に書き換える式を紹介すると次のようになります。

a×b＝(m+n)(m−n)

ただし、$m = \dfrac{a + b}{2}$、n = m − a、a＜bとします。

$$\frac{a+b}{2} = m$$

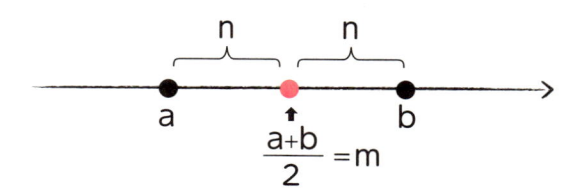

ここで紹介した方法はどんな掛け算にも使えますが、102と98のように、せいぜい中心から±2または±3くらいまでにしておかないと逆効果です。2数の真ん中の値がキリのいい数で、(2乗)－(2乗)の計算が簡単な場合に限られます。

例題2 ❶63×57
　　　=(60+3)(60-3)
　　　=3600-9
　　　=3591

❷99×101
　　=(100-1)(100+1)
　　=10000-1=9999

❸310×290
　　=(300+10)(300-10)
　　=90000-100
　　=89900

## 25 98×97は補数を利用せよ

98×97 ⇨ (100−2)(100−3)

⇨ 9 5 0 6

100−(2+3) : 9 5
2×3 : 0 6

**パターン**

$a \times b = (100 - \hat{a})(100 - \hat{b})$

= □ □ □ □

↑ 100−($\hat{a}+\hat{b}$)　↑ $\hat{a} \times \hat{b}$

ただし、$\hat{a}$、$\hat{b}$ は 100 に対する a、b の補数とします。

　上記の 2 ケタの数同士の掛け算 98 × 97 では、98 の 100 に対する補数 2 と、97 の 100 に対する補数 3 を利用します。したがって、2 ケタの数同士の掛け算の答え（基本的には 3 ケタ以上）の下 2 ケタは補数の積になります。ここでは、2 × 3 = 6 です。また、百の位は 100 から 2 つの補数の和を引いた数になります。つまり、100 −（2 + 3）= 95 です。

　なお、補数同士の積が 2 ケタを越える場合は、当然ながら百の上位のケタに繰り上がります。

**例題1** ❶ $95×98$

$=(100-5)(100-2)$

$=93|10$

　　　　　$5×2=10$
　　　　　$100-(5+2)=93$

❷ $101×102$

$=(100+1)(100+2)$

$=103|02$

　　　　　$1×2=2$
　　　　　$100-(-1-2)=103$

❸ $101×98$

$=(100+1)(100-2)$

$=9900|-2$

　　　　　$-1×2=-2$
　　　　　$100-(-1+2)=99$

$=9898$

❷の場合、補数は－1、－2になります。また、❸の計算では補数は－1、2となり、パターンに当てはめると百の位は99で、一の位は－2となります。よって9900－2より9898となります。

なぜ、このような計算が可能なのかは次の式変形を見ればわかります。

98×97
= (100−2)(100−3)
= 10000−2×100−3×100+2×3
= {100−(2+3)}×100+2×3

これは千と百の位の数が 100 −(2 + 3) で十と一の位の数が 2 × 3 であることを示しています。これを一般化したのがパターンにまとめたものです。

この計算テクニックは補数が大きくなるにしたがって、メリットはなくなっていきます。補数が小さい場合に限定して使いましょう。

**例題2** 960×940
= (1000−40)(1000−60)
= (1000−40−60)×1000+(40×60)
= 902400

## 26 「99×…」の裏ワザ①

$$99 \times 78 \Rightarrow (100 - 1) \times 78$$

パターン

$$99 \times \Box = (100 - 1) \times \Box$$

99をキリのいい「100と補数1」に置き換えて計算すると、掛け算が簡単になります。99に限らず、999や9999でも可能ですが、暗算でさっとやるには99くらいまでが使いやすいでしょう。

$$
\begin{aligned}
99 \times 78 &= (100 - 1) \times 78 \\
&= 7800 - 78 \\
&= 7700 + \boxed{100 - 78} \\
&= 7700 + \boxed{22} \\
&= 7722
\end{aligned}
$$

PART_0「補数の求め方」より

**例題1** ❶ 99×15
　　=(100−1)×15
　　=1500−15
　　=1485

　　❷ 999×681
　　=(1000−1)×681
　　=681000−681
　　=680000+ 1000−681
　　=680000+ 319 　　← PART_0「補数の求め方」より
　　=680319

　❷のように999の掛け算となると筆算でも大変ですが、999 = 1000 − 1と考えれば、複雑な掛け算→簡単な足し算・引き算に変わり、速算できるようになります。

**例題2** ❶ 99×19
　　=(100−1)×19
　　=1900−19
　　=1881

　　❷ 99×32
　　=(100−1)×32
　　=3200−32
　　=3100+100−32 　　← 32を引くので100を借りてくる
　　=3100+68
　　=3168

❸ 999×56
　= (1000−1)×56
　= 56000−56
　= 55000+1000−56　　← 56を引くので1000を借りてくる
　= 55000+944
　= 55944　　← 56の1000に対する補数

❹ 999×832
　= (1000−1)×832
　= 832000−832
　= 831000+1000−832　　← 832を引くので1000を借りてくる
　= 831000+168
　= 831168　　← 832の1000に対する補数

## 27 「99×…」の裏ワザ②

$$99 \times 68 \Rightarrow \boxed{6}\,\boxed{7}\ \boxed{3}\,\boxed{2}$$

上の67は 68−1、下の32は 99−(68−1)

上の例は、前節と同じ「99×…」の形です。ですから、さっきと同様 99 × 68 =（100 − 1）× 68 としてもかまいません。速く答えを出すという目的に適っているからです。

でも、少しずつ工夫するところに超速算術の楽しみがあります。その中で自分にあった方法を使えばいいのです。

さて、この 99 に 2 ケタの数 a を掛けると、答えの上 2 ケタの部分は a − 1 となり、下 2 ケタは 99 −(a − 1) となります。999 との掛け算も次のようになります。

$$999 \times 256 = \boxed{2}\,\boxed{5}\,\boxed{5}\ \boxed{7}\,\boxed{4}\,\boxed{4} = 255744$$

上の255は 256−1、下の744は 999−(256−1)

何も考えずに、ささっと超速算ができてしまいました。もちろん、電卓で確かめてみても、999 × 256 = 255744 です。これはすごい！でも、なぜこのような計算ができるのでしょうか。

99 × a を考えてみましょう。ただし、a ≦ 99 とします。

99×a
=(100−1)×a
=100a−a
=100a−100+100−a
=100(a−1)+99−(a−1)

したがって、99 × a については以下のようになります。
**3ケタ以上の値……（a−1）**
**2ケタ以下の値………99−（a−1）**

　これは 99 に限らず、999、9999 などでも使える手法です。次の例題では 999 にも挑戦してみました。

**例題** ❶

$$99 \times 34 = \boxed{3}\boxed{3}\boxed{6}\boxed{6}$$

上段 34−1　下段 99−(34−1)

$$= 3366$$

❷

$$999 \times 48 = \boxed{4}\boxed{7}\boxed{9}\boxed{5}\boxed{2}$$

上段 48−1　下段 999−(48−1)

$$= 47952$$

## 28 面倒な「105×108」を超カンタン計算

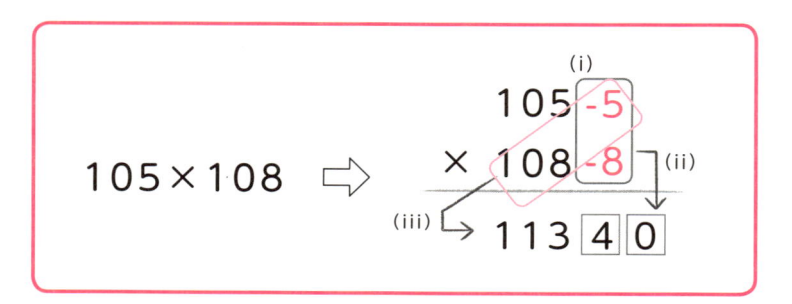

```
                    (i)
              105 -5
            ×  108 -8  (ii)
         (iii) ─────────
               113 4 0
```

105×108 ⇒ 上記の形

　100 に近い 105 と 108 の掛け算は、ケタ飛びがあるので暗算が得意なソロバンの達人でも嫌いです。しかし、問題ありません。100 に近い数同士の掛け算は補数を使えば、1 ケタの足し算、1 ケタの掛け算だけで可能です。

　上の例を見てみましょう。105 × 108 を超速算術で解くと次のようになります。

（ⅰ）105 の補数 − 5 と、108 の補数 − 8 を用意します。

（ⅱ）補数同士を掛け、その値を答えの下 2 ケタ（一の位、十の位）とします。
　−5×(−8) ＝40

（ⅲ）もとの数 108 から、他方の数の補数（− 5）を引きます。その値を答えの下 2 ケタより上位の数字とします。
　108−(−5) ＝113

（ⅱ）と（ⅲ）の数を組み合わせたものが答えになります。

「113」「40」→11340

ところで、（ⅰ）で補数が「− 5 と − 8」のような同符号ではなく、「5 と − 8」のように異符号の場合、掛けた値は 5 ×（− 8）＝ − 40 のようにマイナスの数になります。本書では、これを $\overline{40}$ と表現して区別することとします。例えば 96$\overline{15}$ とあれば、9600 − 15 ＝ 9585 を意味します。

なお、（ⅲ）で「108 から、他方の数 105 の補数（− 5）を引く」と書きましたが、逆の「105 から、他方の数 108 の補数（− 8）を引く」でも結果は同じです。

105 −（− 8）＝ 113

**例題** ❶

$$103 \times 107 \Rightarrow \begin{array}{r} 103 \;\fbox{-3} \\ \times\; 107 \;\fbox{-7} \\ \hline 110\;\fbox{2}\fbox{1} \\ 110\;2\;1 \end{array}$$

❷

$$105 \times 111 \Rightarrow \begin{array}{r} 105 \;\fbox{-5} \\ \times\; 111 \;\fbox{-11} \\ \hline 116\;\fbox{5}\fbox{5} \end{array}$$

❸

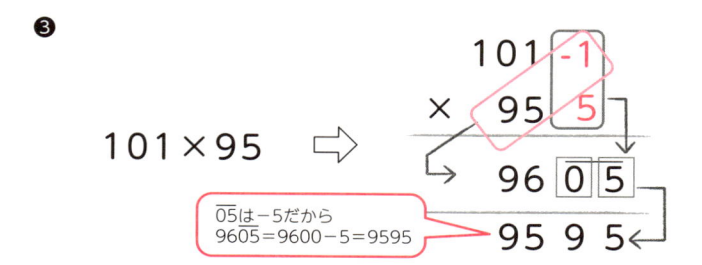

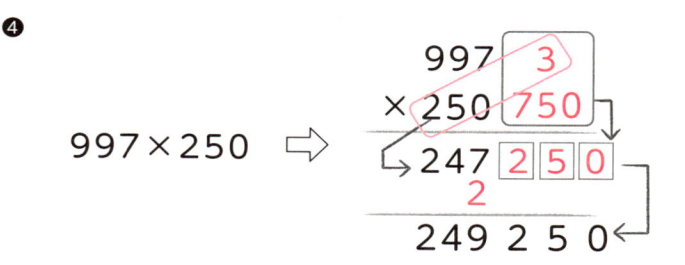

101×95 ⇒

```
   101 -1
 ×  95  5
 ─────────
    96 0 5
   9 5 9 5
```

05は−5だから
9605=9600−5=9595

❹

997×250 ⇒

```
    997  3
  × 250 750
  ─────────
    247 2 5 0
      2
  2 4 9 2 5 0
```

　上記❹の問題で、250は1000に近い数とはとても言えませんが、やはりこのテクニックが使えます。

　補数が同符号の場合には簡単ですが、異符号になると少しややこしくなります。このようなかなり大胆な計算法が、なぜ可能なのかを考えてみましょう。

　以下は数学的な裏付けになりますので、「計算法さえわかれば十分」という人はパスしてもかまいません。ただ、ざっと読んでおくだけでも数学と速算との関係が見えてくると思います。

　ある基準数、例えば100に対するa、bの補数をハットを付けて$\hat{a}$、$\hat{b}$と表わすことにします（66ページ参照）。つまり、

$\hat{a}=100-a$　　$\hat{b}=100-b$ ……（＊）

すると、先に紹介したパターンで得た答えは次のように書けます。

(b−â)×100+âb̂

この式を前ページの一番下の式（＊）を用いて補数 â、b̂ を使わずに表わすと次のようになります。

(b−â)×100+âb̂＝(b−100+a)×100+(100−a)(100−b)
＝$\overline{100}$b−$\overline{100}$²+$\overline{100}$a+$\overline{100}$²−$\overline{100}$a−$\overline{100}$b+ab
＝ab

これは、本節で紹介した計算方法が正しいことを示しています。

また、上記の説明では基準数を 100 としましたが、このようなキリのいい数ではなく、87 とか 139 のような中途半端な数でも、なんら問題はないという意味になります。

とはいっても、速算という観点からすると、基準数にはやはりキリのいい数を探す、ピンと来るセンスが必要です。

どんな場合にキリのいい数を使うといいか、また本来は使えないと思われるケースであっても知恵を働かせましょう。例えば❹はキリのいい数に近くはないけれども、使えました。

速算術を覚え、ときどき数学的な裏付けを確認しつつ、使えるケースの判断を間違えないことが大切です。

## 29 3ケタの数を「9で割る」超割算

$$132 \div 9 \quad \Rightarrow \quad 1\ 4\ \text{余り}\ 1+3+2$$

- 132の百の位 ↑
- 132の百の位と十の位の和 ↑
- 132の各位の和 ↓

3ケタの数を9で割る時、次のように計算すると驚くほどスムーズに答えを出せます。例えば132÷9の場合を見てみましょう。

（ⅰ）答えの十の位……割られる数の百の位＝1。

（ⅱ）答の一の位……割られる数の百の位と十の位の数を足した値1＋3＝4。ただし、これが2ケタの答えになれば、上位のケタは（ⅰ）に加算されます。

（ⅲ）余り……割られる数の各位「1、3、2」を加えたものが余り。よって、この場合は1＋3＋2＝6となります。ただし、この計算で値が9以上になれば、さらに9で割り、それが実際の余りとなります。その商は（ⅱ）に繰り上がります。

というわけで、実際の計算では繰り上がりがあるので（ⅲ）→（ⅱ）→（ⅰ）の順の方がいいかもしれません。やりやすい方法で計算してください。

次の例は、余りが9以上になるケースです。

(iii) 7+8+9＝24を9で割って商は2、余りは6

789÷9 ⇨ 8 7 余り 6

よって、商は87、余りは6

(ii) 7+8＝15に（iii）の2を足して17
(i) 百の位の7に（ii）の1を足して8

すごく簡単に（というよりも、半分自動的に）答えが出てきました。どうしてこんな方法で答えが出てくるのでしょうか。

一般に3ケタの整数は次のように表わせます。

100a＋10b＋c（ただし、a、b、cは1ケタの整数でa≠0）

そして、この3ケタの数は次のように変形できます。

100a＋10b＋c＝9(10a＋a＋b)＋a＋b＋c

これを見ると、答えは次のようになります。

答えの十の位……a
答えの一の位……a＋b
答えの余り　……a＋b＋c

ここで、a＋bが2ケタになれば上位のケタに繰り上がります。

また、余り a ＋ b ＋ c が９以上の時は、さらに９で割って商を繰り上がりとし、その残りが余りとなります。

　この計算は３ケタでなくても、４ケタ、５ケタでも同じ方法で使えます。例えば、5210 ÷ 9 であれば次のようになります。

　　答えの百の位……5
　　答えの十の位……5＋2＝7
　　答えの一の位……5＋2＋1＝8
　　答えの余り　……5＋2＋1＋0＝8

　答えは 578、余りは 8 となります。割り算のはずが１ケタの足し算だけで答えが出てしまいました。

## 30　5、25、125で割るなら掛け算にチェンジ

$$130 \div 5 \Rightarrow 130 \times 2 \div 10$$
$$325 \div 25 \Rightarrow 325 \times 4 \div 100$$
$$72625 \div 125 \Rightarrow 72625 \times 8 \div 1000$$

**パターン**

$$◎ \div 5 \Rightarrow ◎ \times 2 \div 10$$
$$◎ \div 25 \Rightarrow ◎ \times 4 \div 100$$
$$◎ \div 125 \Rightarrow ◎ \times 8 \div 1000$$

　5、25、125で割る場合、そのままストレートに割り算をするよりも、掛け算に置き換えた方がラクに計算できます。

5で割る　→　$\dfrac{10}{2}$ で割る　→　逆数の $\dfrac{2}{10}$ を掛ける

　　　　　→　2倍して、10で割るだけ

25で割る　→　$\dfrac{100}{4}$ で割る　→　逆数の $\dfrac{4}{100}$ を掛ける

　　　　　→　4倍して、100で割るだけ

125で割る　→　$\dfrac{1000}{8}$ で割る　→　逆数の $\dfrac{8}{1000}$ を掛ける

→ 8倍して、1000で割るだけ

　2倍、4倍、8倍するのは簡単です。さらにそれを10で割る、100で割る、1000で割るというのも、位取りを動かすだけ。5で割るくらいであればできるという人でも、25で割るとか、125で割るとなると複雑です。
　でも、4倍する、8倍するくらいなら暗算でもできるでしょう。だから、このことを知っているだけで超速算につながるのです。

**例題** ❶ 3305÷5
　　　＝3305×2÷10
　　　＝6610÷10
　　　＝661

÷5は
2倍して10で割ると
速い！

　5で割るだけですが、4ケタの割り算はさすがに大変そうです。しかし、2倍なら暗算で6610と算出できますので、最後に10で割れば答えの661が出てきます。

❷ 2075÷25
　＝2075×4÷100
　＝8300÷100
　＝83

÷25は
4倍して100で割る

　2075÷25ですと、最初の商に1が立たず、いきなり苦戦。でも、4倍すれば8300と暗算できます。最後に100で割れば83になります。

❸ 2250÷125
　=2250×8÷1000
　=18000÷1000
　=18

> ÷125は
> 8倍して1000で割る

1000

　2250を8倍すれば18000と、暗算できます。最後に1000で割ると18と答えが出てきます。

　これが3ケタの割り算であれば、さらにラクに計算できるでしょう。775÷25では、すぐには答えが思い浮かびませんが、次のようにすればどうでしょう。

　775÷25
　=775×4÷100
　=3100÷100
　=31

　すごくラクで速い、そしてミスの少ない三拍子そろったラクチン計算術といえます。

## 31 4、8の割り算なら「2の連続割り」で

$$1300 \div 4 \quad \Rightarrow \quad 1300 \div 2 \div 2$$

$$992 \div 8 \quad \Rightarrow \quad 992 \div 2 \div 2 \div 2$$

パターン

$$◎ \div 4 \quad \Rightarrow \quad ◎ \div 2 \div 2$$

$$◎ \div 8 \quad \Rightarrow \quad ◎ \div 2 \div 2 \div 2$$

　一般に割り算は嫌がられます。得意としている人を、ほとんど見かけません。それでも、2の割算だけは例外です。誰でも難なくこなすことができます。

　そこで、**「4、8、16」などで割る時には「2の連続割り」で切り刻んでいきます。**

　例えば、4で割るということは、2で割り、さらに2で割ることです。したがって、4で割る時には2で2回割ってみたらどうでしょうか。

　同様に、8で割るということは、2で割り、さらに2で割り、また2で割ること。つまり2で3回割ることと同じです。

　普通16で割ることはソロバンの達人の域です。これも知恵と工

夫で対応します。2で4回続けて割っていけば、必ず答えに到達します。間違いも少なく、計算も速くなります。16までなら間違えることも少ないでしょう。

　　□÷4＝□÷2÷2
　　□÷8＝□÷2÷2÷2
　　□÷16＝□÷2÷2÷2÷2

　いっぺんに計算するばかりが超速算術ではありません。16で割るような計算では手間取って時間ばかり掛かってしまいがち。そんな時は、2の連続割り計算を駆使すれば、速い、簡単、ミスなしの計算ができる確率が高まるはずです。

**例題** ❶2744÷4
　＝2744÷2÷2
　＝1372÷2
　＝686

❷1144÷8
　＝1144÷2÷2÷2
　＝572÷2÷2
　＝286÷2
　＝143

❸3128÷8
　＝3128÷2÷2÷2
　＝1564÷2÷2

=782÷2
=391

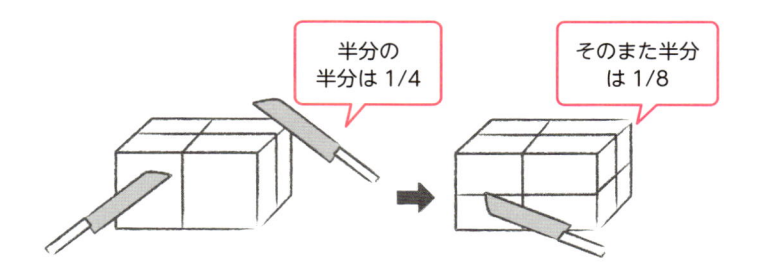

❹2432÷16
=2432÷2÷2÷2÷2
=1216÷2÷2÷2
=608÷2÷2
=304÷2
=152

半分の半分は1/4

そのまた半分は1/8

## コラム 「割引の割引」で迷った時の判断法

「3割引だったけど、ライバル店が3割8分引きだから、今からさらに1割引だよ。お買い得だよ！」といわれると、「3割引の1割引だから、結局4割引だよなぁ？　紛らわしい言い方するなよ」と思う人は多いでしょう。実際はどうなのでしょうか。

このように、怪しいと思った時はキリのいい数を使ってアタマを回転させることです。

「100円の商品を3割引、つまり30円引きだから70円」
→「70円のさらに1割引き、つまり7円引きだから63円」
→「ライバル店は3割8分引き。100円なら38円引きで62円だから、こっちの方が安い！」

というわけで、どっちがトクだか、速（即）判断できます。

もし、私が4割引で販売するのであれば「30％引。さらに、その場で14％引き」と宣伝します。もちろん、4割引で売る覚悟がないとダメですが、「30％引の、さらに14％引き」といえば4割以上引いているように感じます。しかし、実はそうでもないのです。

$(1-0.3) \times (1-0.14)$
$= 0.7 \times 0.86$
$= 0.602 \to 39.8％引。つまり4割引き未満$

「どのくらいトクなのか」「騙されていないか」をすぐに判断できることも、速算能力があってこその話なのです。

学校で習ったものこそ金科玉条という狭い考えから脱すると、思いもよらない奇想天外な計算法に出会えます。マス目を使う掛け算、線の結び目で計算する方法など、驚きの算術を紹介します。

PART_3

# 面白くて速い！
# 「アイデア掛け算術」

## 32 「マス目」を使ってみる

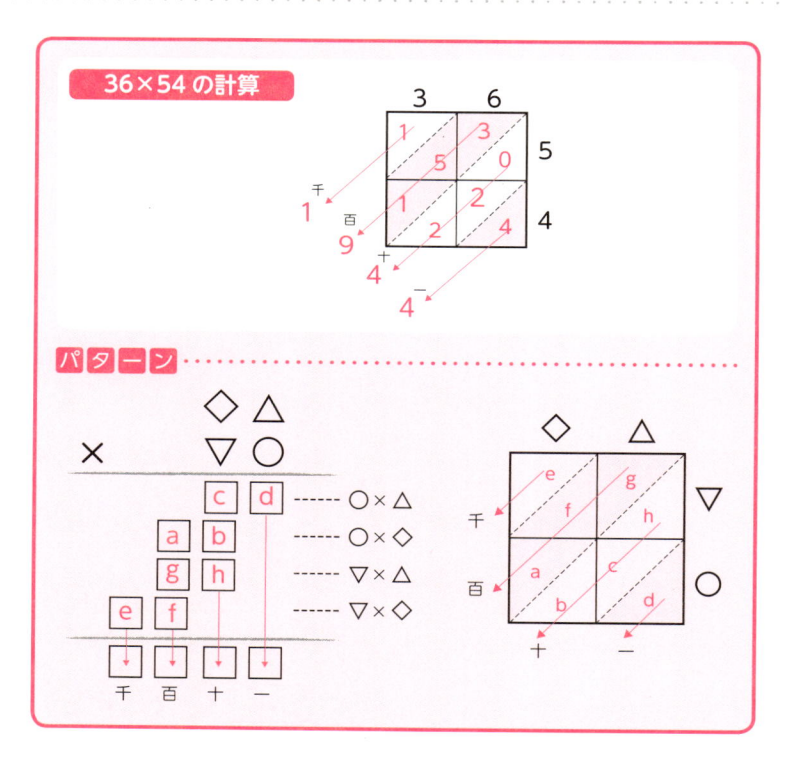

**36×54 の計算**

**パターン**

　このマス目を使った速算術は、繰り上がりを考える必要がなく、ただただ 1 ケタ同士の掛け算を処理していけば、答えが出るという優れた方法です。見た目も面白いですね。

　この速算術が使えるのは 2 ケタ同士の掛け算だけではありません。3 ケタ以上でも、または 5 ケタ×4 ケタのようにケタ数が違う場合でも自由自在に計算できます。原理はどの場合でも同じですので、計算方法を順に説明していきましょう。

（ⅰ）36 × 54 においては、2 × 2 のマス目を用意し、その目に合わせて上部に 36、右側に 54 と書きます。また、各マスには下図のように対角線を引いておきます。

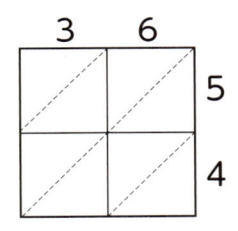

（ⅱ）縦と横の数字をそれぞれ掛けた値を、下のように数字を分けて入れます。3 × 5 = 15 なら、1 と 5 に分けます。

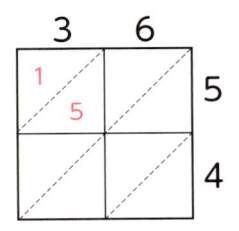

（ⅲ）同様にして他のマス目も縦と横を掛けた値で埋めていきます。

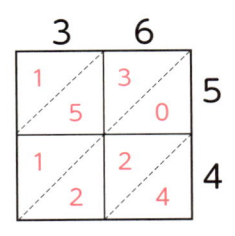

（ⅳ）斜め方向にマス目の中の数を足していきます。右下段から左上段に向かって、答えの一の位、十の位、百の位、千の位ということになります。また、足した値が2ケタになれば上の位に繰り上がります。こうして求めた1944が36×54の計算結果です。どうですか？　面白い計算法ですね。

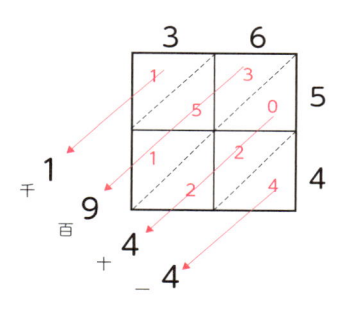

実は、この計算方法は、従来の縦書きの計算と原理はまったく同じなのです。縦書き計算を少し斜めに書いてみると、「同じだ！」と気づくはずです。

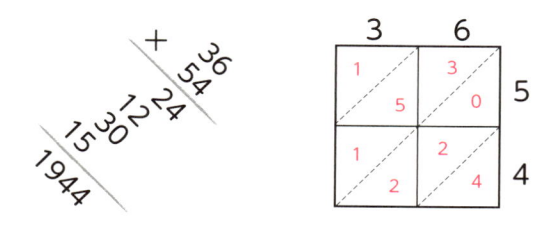

では、いくつか例題を解いてみましょう。すぐに慣れるので、タテ計算では間違いを繰り返す人でも、このマス目計算を使えばうまくいくのではないでしょうか。

**例題** マス目計算を使って解いてみましょう。

❶ 3×5

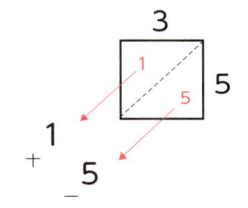

❷ 37×58

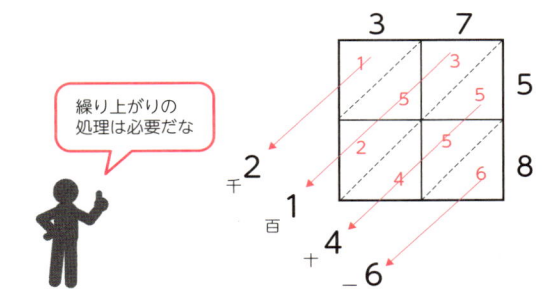

繰り上がりの処理は必要だな

❸ 783×345

PART_3 面白くて速い！「アイデア掛け算術」

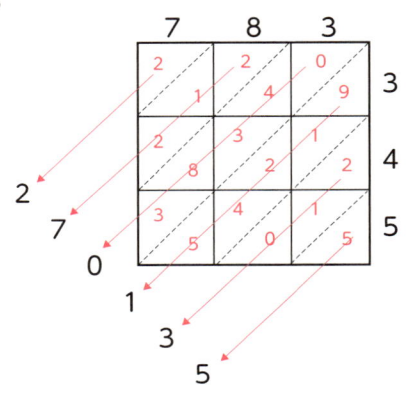

❹653×72

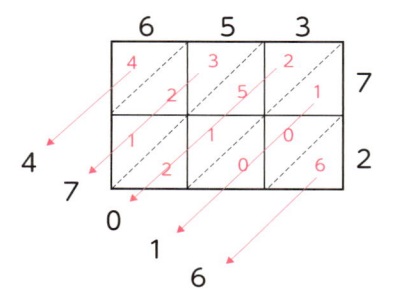

❺72×653

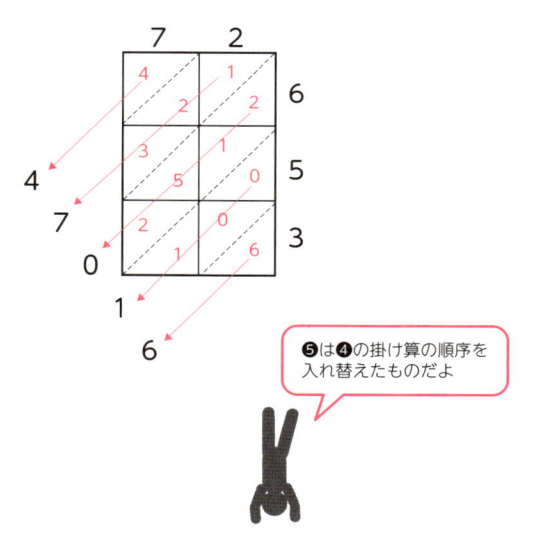

> ❺は❹の掛け算の順序を入れ替えたものだよ

## 33 「線」を使ってみる

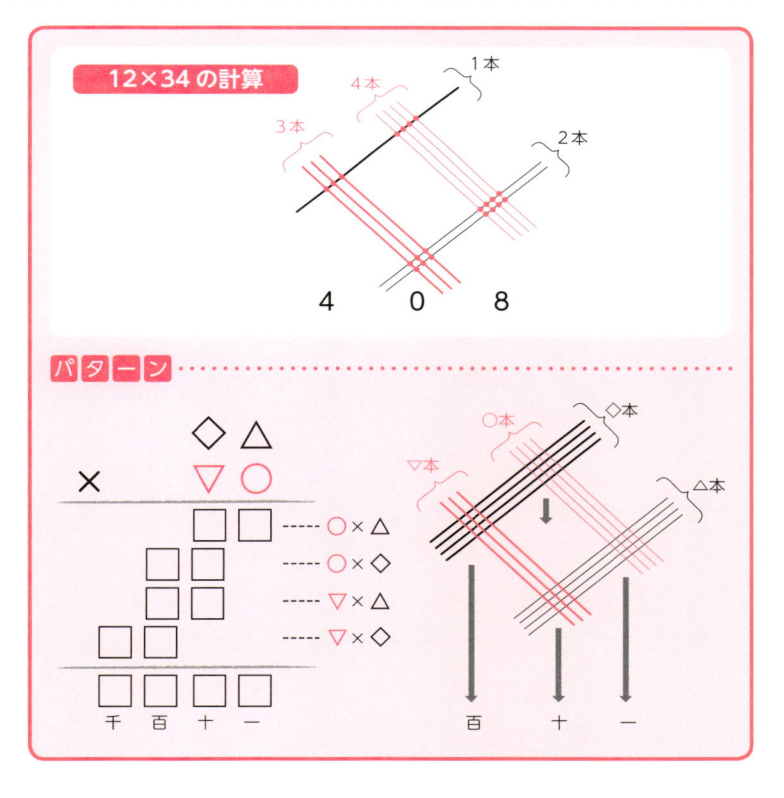

**12×34の計算**

**パターン**

先ほどのマス目を使った速算の別バージョンです。直線を使って掛け算をしようとするもので、2ケタ同士とは限りません。もっとケタが大きくても、またお互いのケタ数が違っても計算できるのは、マス目の掛け算と同じです。12×34を例に計算方法を紹介します。

（ⅰ）12 × 34 の、「12」を直線を使って次のように表現します。

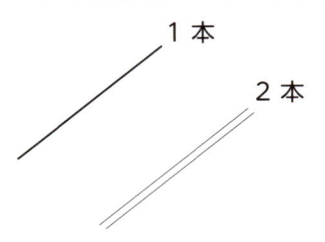

1本

2本

（ⅱ）次に 12 × 34 の「34」を直線を使って「12」の線上に次のように描き足します。

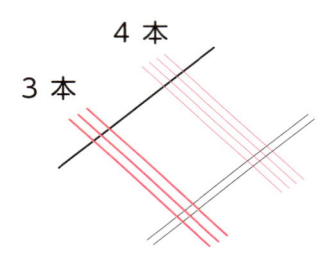

4本

3本

（ⅲ）交点の個数を数えて縦に足せば、12 × 34 の計算結果「408」を得られます。縦に足して2ケタになったら左側に繰り上がります。

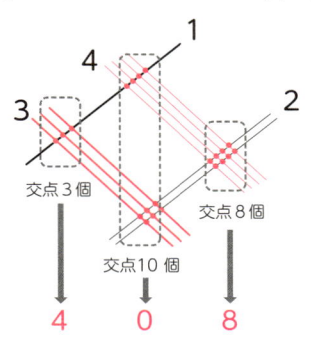

交点3個　交点10個　交点8個

4　0　8

なぜ、このように直線の交点数を数えれば 12 × 34 の答えが出

るかは、実際の計算と対比させた下図を見れば明らかです。

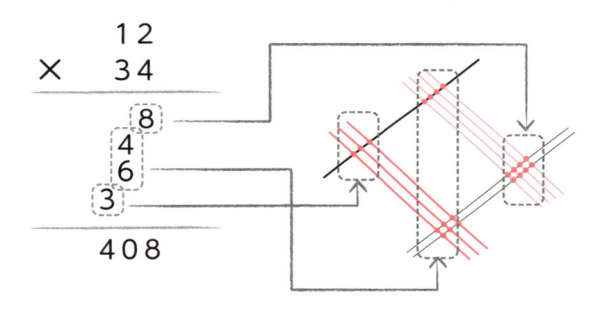

```
      1 2
  ×   3 4
  ─────────
        8
      4
      6
      3
  ─────────
      4 0 8
```

**例題** 線を使った計算で解いてみましょう。

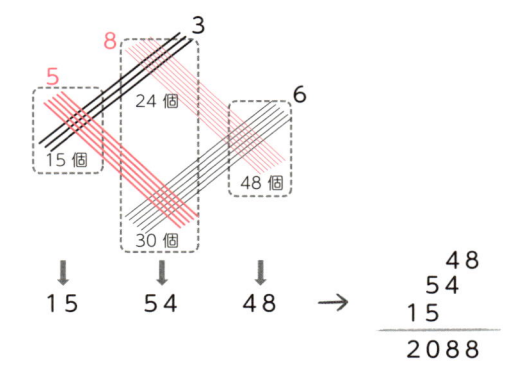

❶ 36×58

↓　　↓　　↓
15　54　48　→　

```
      4 8
      5 4
   1 5
  ─────────
   2 0 8 8
```

直線を引いて掛け算の答えを求めるというアイデア自体は面白いのですが、「速算」という観点からは必ずしもベストとはいえません。しかし、工夫することで新しい計算法を生み出せますし、それらを楽しむ中で思いもよらない新しい速算法が見つかったりするものなのです。

❷ 123×214

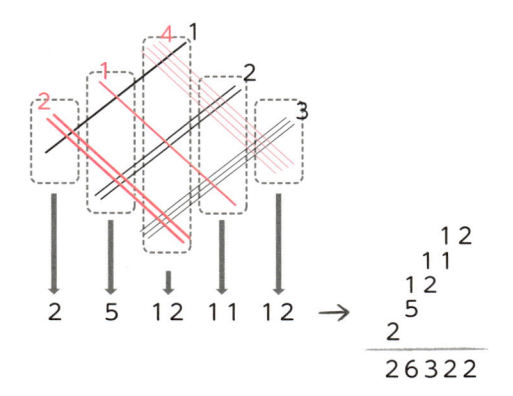

$$2 \quad 5 \quad 12 \quad 11 \quad 12 \rightarrow \begin{array}{r} 1\,2 \\ 1\,1\phantom{0} \\ 1\,2\phantom{00} \\ 5\phantom{000} \\ 2\phantom{0000} \\ \hline 2\,6\,3\,2\,2 \end{array}$$

# 34 対角線を使ったアイデア筆算術

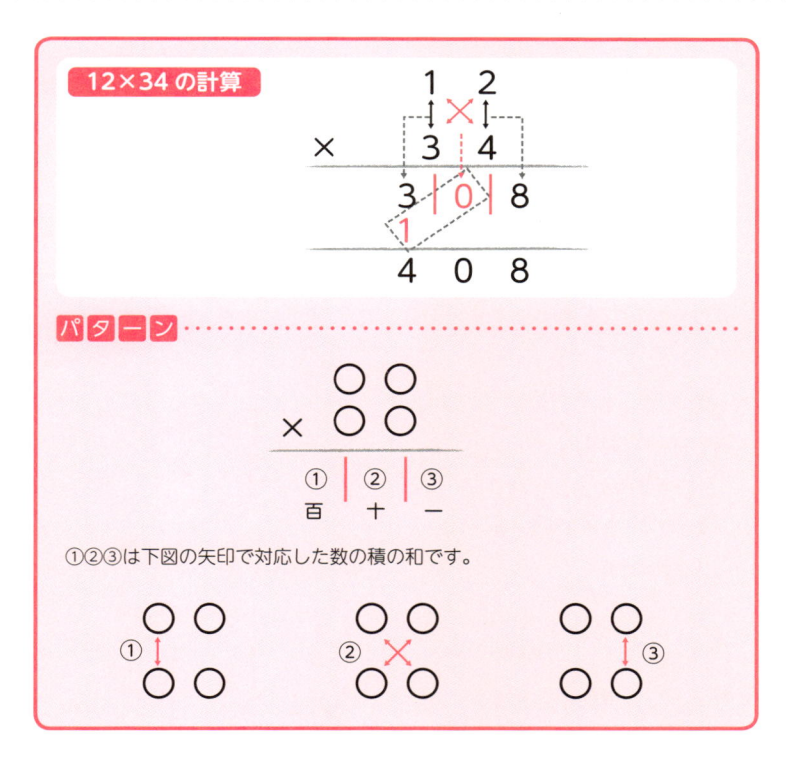

**12×34 の計算**

```
    1 2
  × 3 4
  ─────
    3 0 8
    1
  ─────
    4 0 8
```

**パターン**

```
    ○ ○
  × ○ ○
  ─────
   ① │ ② │ ③
   百   十   一
```

①②③は下図の矢印で対応した数の積の和です。

① ○ ○    ② ○ ○    ③ ○ ○
  ↑ ↑        ✕          ↑ ↑
  ○ ○        ○ ○        ○ ○

　この計算法は、「一の位の数の和が10になる場合」などの特定の条件のもとでのみ有効というわけではありません。先に紹介したマス目や線を引いて計算する方法と同様、どんなケースでも使えます。

　以下に計算の手順を解説しましょう。まず2ケタ×2ケタの場合、次に3ケタ×3ケタの場合を説明しますが、方法は同じです。これは2章の「§17　2ケタ×2ケタが激ラク化する筆算術」を一

般化したもので、ケタ数の多い掛け算に有効です。

（ⅰ）２ケタ×２ケタの場合、右図のように２本の区切り線を引き、計算結果を書くスペースを３個用意します。

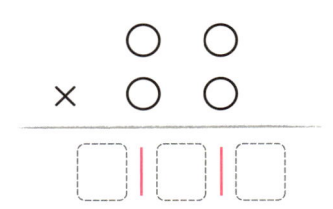

（ⅱ）前ページのパターン内の赤線矢印に対応した数同士を掛けて、それらを足したものをそれぞれ①、②、③とします。

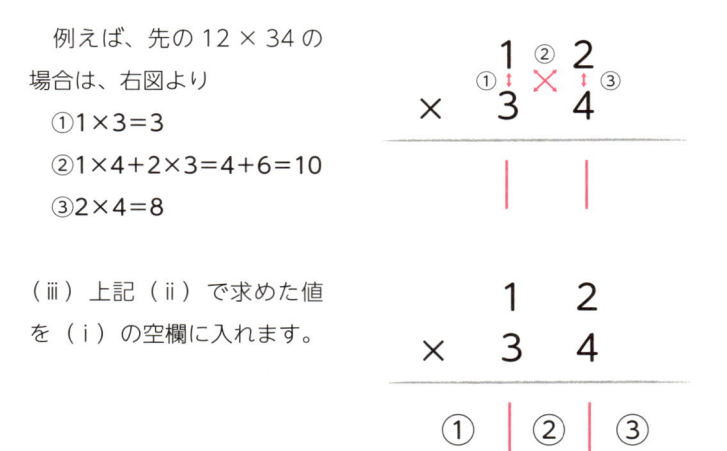

　例えば、先の 12 × 34 の場合は、右図より
　①1×3＝3
　②1×4＋2×3＝4＋6＝10
　③2×4＝8

（ⅲ）上記（ⅱ）で求めた値を（ⅰ）の空欄に入れます。

ただし、①、②、③の値が２ケタ以上の場合は１ケタ目のみを定位置に書き、２ケタ目以上の値は繰り上げ処理をするため、次ページのように左下に書きます。冒頭の例で示すと次のようになります。

```
    1   2
    ↕ × ↕
×   3   4
─────────
    3 | 0 | 8
    1
```

計算結果が
2ケタになった場合は
繰り上がり部分を左下に書く

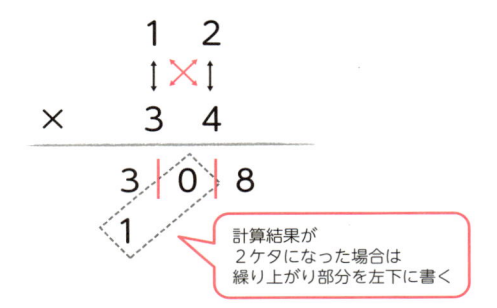

(ⅳ) これで後は各ケタを足せばいいだけです。

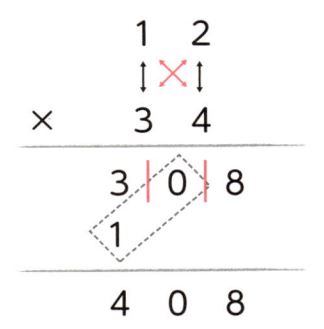

```
    1   2
    ↕ × ↕
×   3   4
─────────
    3 | 0 | 8
    1
─────────
    4   0   8
```

　なお、区切り線は最初は必要でしょうが、慣れてくれば書かなくてもいいでしょう。

　3ケタ×3ケタの場合は2＋2の4本の区切り線を引き、計算結果を書くスペースを5個用意します。

　次ページの図の矢印で対応した数同士を掛けて、それらを足したものをそれぞれ①、②、③、④、⑤とします。

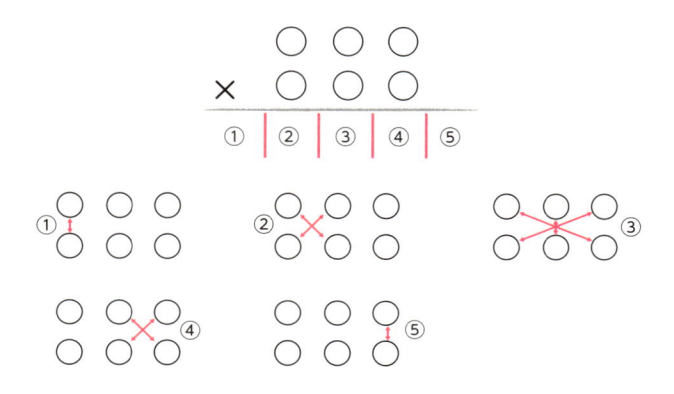

繰り上がりがある場合、ない場合の対応は先ほどと同じです。

**例題** 対角線を使った筆算で解いてみましょう。

❶ 36×58

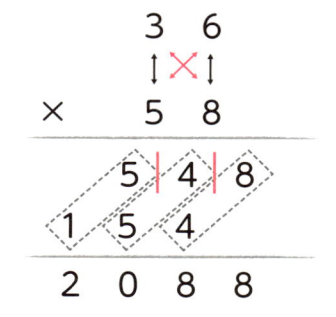

$$\begin{array}{r} 3\ 6 \\ \times\ 5\ 8 \\ \hline 5\ 4\ 8 \\ 1\ 5\ 4 \\ \hline 2\ 0\ 8\ 8 \end{array}$$

❷ 123×321

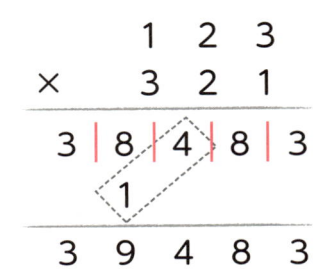

```
      1 2 3
  ×   3 2 1
  3 8 4 8 3
      1
  3 9 4 8 3
```

❸ 539×748

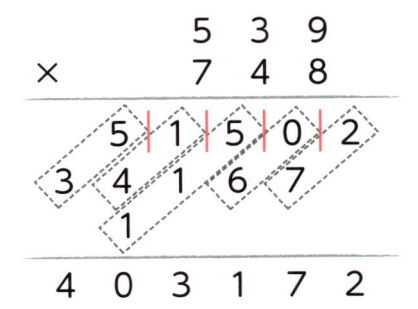

```
        5 3 9
  ×     7 4 8
    5 1 5 0 2
  3 4 1 6 7
  1
  4 0 3 1 7 2
```

　なぜ、このような対角線図になるのかを2ケタ同士の掛け算で調べてみましょう。

　2つの2ケタの数は一般に次のように表わせます。

a×10＋b、c×10＋d（ただし、aとcは1ケタの整数、bとdは1ケタの0以上の整数）

　すると、2ケタの数の掛け算は次のようになります。

(a×10+b)(c×10+d)
＝ac×100＋(ad+bc)×10＋bd

この式は対角線図が成立していることを示しています。

3ケタ同士くらいの掛け算までなら見通しがつきますが、4ケタ同士になると少し複雑になってきます。このため、ここで紹介した計算方法は2ケタ同士、3ケタ同士までの掛け算に有効な筆算法でしょう。

# 35 「2ケタの3乗」のアイデア計算術

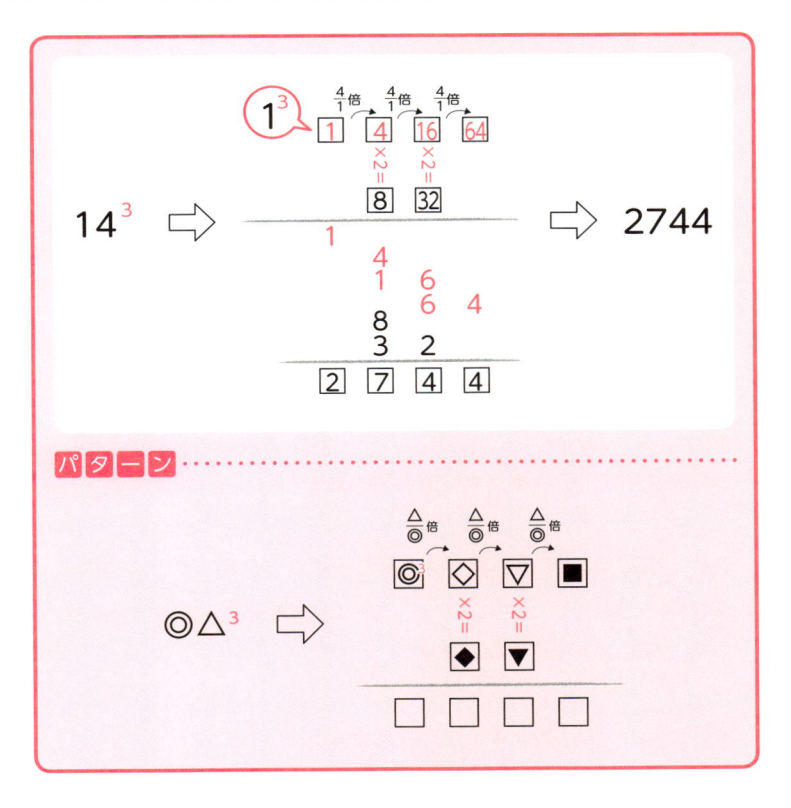

$14^3$ の計算例：

$1^3$ → 1, 4, 16, 64（各$\frac{4}{1}$倍）

16 ×2= 32、4 ×2= 8

```
        1
      4
    1   6
      6   4
    8
    3 2
  ─────────
  [2][7][4][4]
```

$14^3 \Rightarrow 2744$

**パターン**

$◎△^3 \Rightarrow$ ◎ → ◇ → ▽ → ■（各$\frac{△}{◎}$倍）

▽ ×2= ▼、◇ ×2= ◆

□ □ □ □

1ケタの3乗計算でも難しいのに、2ケタの3乗ともなると、なかなか容易ではありません。けれども、ここで紹介する方法を使うと簡単に求めることができます。14の3乗の例を使って計算の手順を説明しましょう。

（ⅰ）横1列に4つの枠を用意します。この枠の中には計算の途中では色々な数が入りますが、最終的には1ケタの数しか入らないので心配は不要です。

（ⅱ）左端の枠に2ケタ数◎△の十の位「◎」の3乗の値を入れます。ここでは「14」なので$1^3$で「1」になります。

（ⅲ）ⅱの値を3回続けて$\frac{△}{◎}$倍し、それぞれ3つの枠に入れていきます。ここでは1を$\frac{4}{1}$倍した値「4」を◇に、それを$\frac{4}{1}$倍した値「16」を▽に、それを$\frac{4}{1}$倍した値「64」を■に入れていきます。

（ⅳ）次に、真ん中の2つの枠◇と▽の値を2倍した値8、32を、それぞれその下の枠◆と▼に書き込みます。

（ⅴ）上段の数と下段の数を縦に足します。この時、1つの枠の中には1ケタの数しか入れないので繰り上がり処理をしながら足します。答えは2744になります。

　もう1つ、$26^3$の計算を見てみましょう。

$26^3$ ⇒ 17576

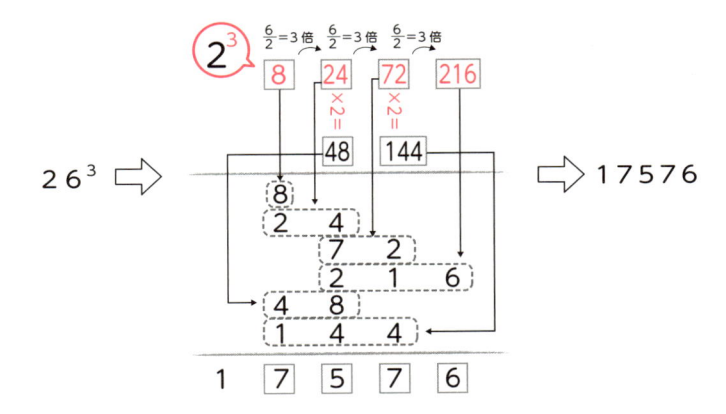

どうしてこのような計算ができるのかを考えてみましょう。計算の正しさを保証するのは次の3乗の展開公式です。

$(α+β)^3 = α^3 + 3α^2β + 3αβ^2 + β^3$ ……（1）

そこで2ケタの整数 10a + b（ただし、a、b は1ケタの整数で a ≠ 0）の3乗は α = 10a、β = b として（1）の式を使うと次のように表わせます。

$(10a+b)^3 = 1000a^3 + 3×100a^2b + 3×10ab^2 + b^3$
$= a^3×1000 + 3×a^2b×100 + 3×ab^2×10 + b^3×1$

4つの和で構成されているのがわかります。これが（i）の解説で4つの枠を用意した理由です。この式の文字部分だけに着目すると次のようになります。

$$a^3 \quad a^2b \quad ab^2 \quad b^3$$

これは、左端の $a^3$ に次々と $\dfrac{b}{a}$ を掛けたものです。これが（ⅱ）と（ⅲ）の計算です。また、$a^2b$、$ab^2$ は位を表わす数「100、10」を除くと 3 個ずつあります。それを最初は 1 個分だけ（前ページの例では 24 と 72 の部分）カウントし、その後 2 個分（×2、×2）を書き足したのが（ⅳ）の計算です。4 つの枠には 1 ケタの整数しか入らないので繰り上がりの処理をしながら各位の係数を決めるのが（ⅴ）の計算です。

**例題** $28^3$ の計算をしてみましょう。

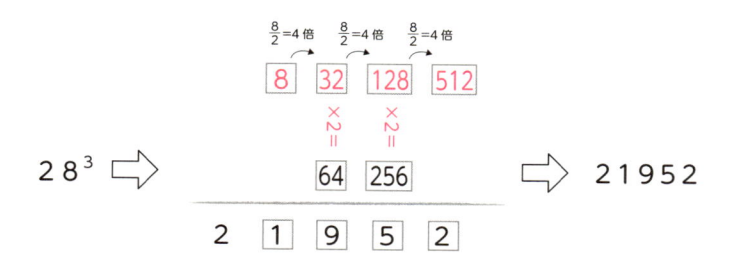

$$28^3 \Rightarrow \begin{array}{c} \overset{\frac{8}{2}=4倍}{\phantom{x}} \quad \overset{\frac{8}{2}=4倍}{\phantom{x}} \quad \overset{\frac{8}{2}=4倍}{\phantom{x}} \\ \boxed{8} \; \boxed{32} \; \boxed{128} \; \boxed{512} \\ \overset{\times 2=}{\phantom{x}} \quad \overset{\times 2=}{\phantom{x}} \\ \boxed{64} \; \boxed{256} \\ \hline 2 \; \boxed{1} \; \boxed{9} \; \boxed{5} \; \boxed{2} \end{array} \Rightarrow 21952$$

4 乗の展開公式というのもあります。それを利用すれば、次節のように 4 乗の速算も可能です。

## 36 「2ケタの4乗」のアイデア計算術

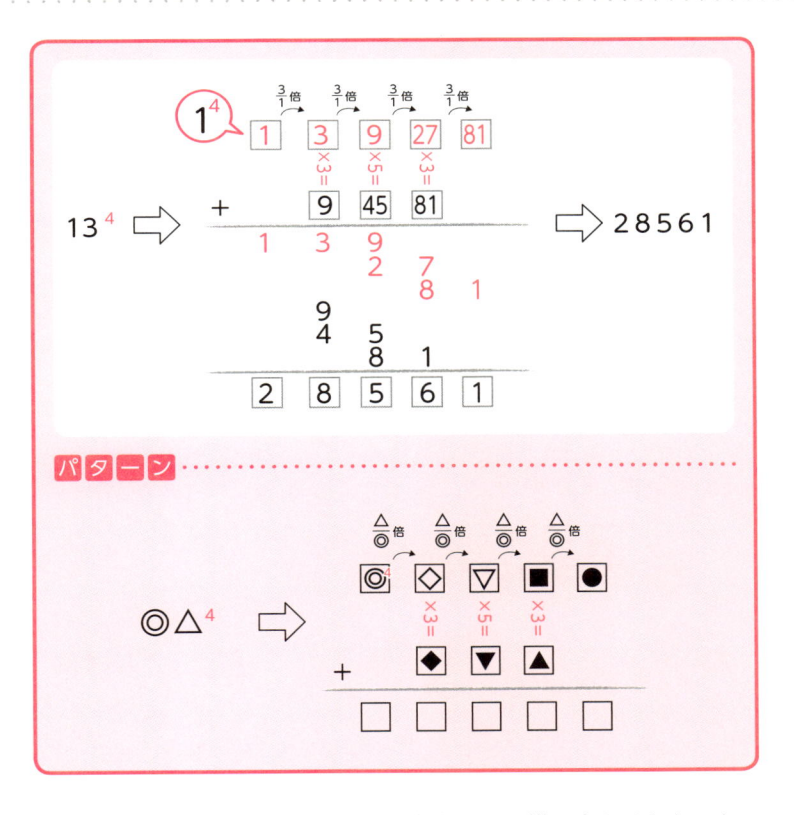

$13^4 \Rightarrow 28561$

（計算図：$1^4$ から始めて $1, 3, 9, 27, 81$ を $\frac{3}{1}$ 倍ずつ並べ、×3、×5、×3 で 9, 45, 81 を求めて足し合わせる手順）

**パターン**

$◎△^4 \Rightarrow □□□□□$

---

　2ケタの数の4乗、つまり自分自身を4回掛け合わせたものを求めるのは大変ですが、方法としては前節と同様に求めることができます。例を見ると、2ケタの数13の十の位の数が1、一の位の数は3です。これをもとに、上の計算手順を説明していきましょう。
（ⅰ）横1列に5つの枠を用意します。この枠の中には途中の計算で色々な数が入りますが、最終的には1ケタの数が入ります。

（ⅱ）左端の枠に $1^4$ の値「1」を入れます。

（ⅲ）残る4つの枠に順次 $1^4$ を $\frac{3}{1}$ 倍した値、つまり1の3倍である「3」、それをさらに $\frac{3}{1}$ 倍した値「9」、それをさらに $\frac{3}{1}$ 倍した値「27」、それを $\frac{3}{1}$ 倍した「81」を入れていきます。

（ⅳ）真ん中の3つの枠の中の数を3倍、5倍、3倍した値をその下に書きます。

（ⅴ）上の段（つまりⅲ）と下の段（つまりⅳ）を縦に足します。この時、1つの枠には1ケタの数しか入れないので繰り上がり処理をしながら足すことになります。答えは28561になります。

**例題1** $23^4$ を計算してみましょう。

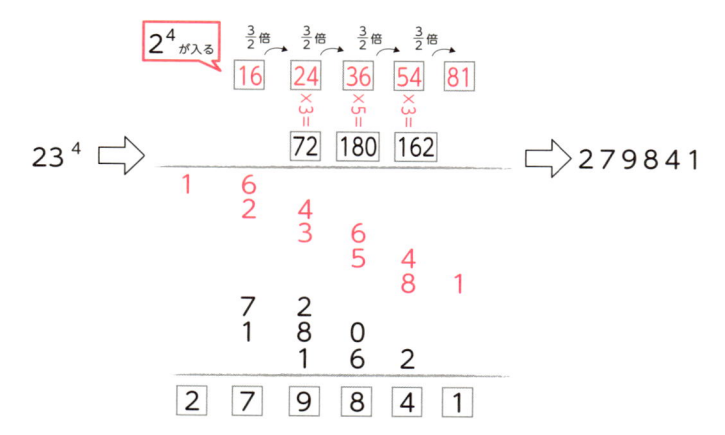

$23^4 \Rightarrow 279841$

（$2^4$ が入る）16　24　36　54　81
（$\frac{3}{2}$ 倍ずつ）
×3= 72　×5= 180　×3= 162

```
        1   6
            2   4
                3
                6
                5
                    4
                    8   1
        7   2
    1   8   0
            1   6   2
    2   7   9   8   4   1
```

この $23^4$ の例は $\frac{3}{2}$ 倍と分数倍になるため、計算としてはラクではありませんが、練習としてはよいでしょう。

**例題2** $26^4$ を計算してみましょう。

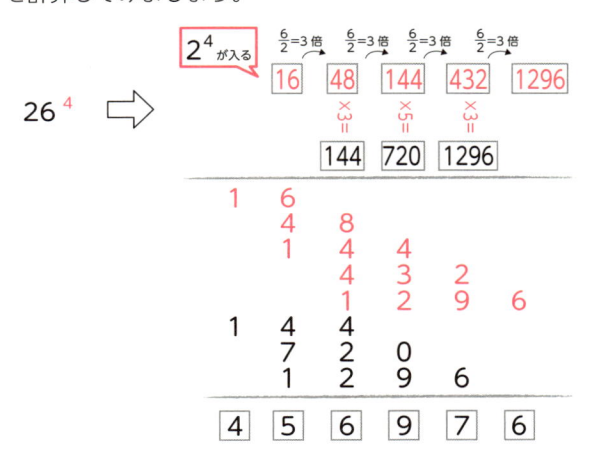

$26^4 \Rightarrow$

$2^4$ が入る

| | $\frac{6}{2}=3$倍 | $\frac{6}{2}=3$倍 | $\frac{6}{2}=3$倍 | $\frac{6}{2}=3$倍 |
|---|---|---|---|---|
| 16 | 48 | 144 | 432 | 1296 |

×3= , ×5= , ×3=

144  720  1296

```
  1 6
    4 8
    1 4 4
      4 3 2
      1 2 9 6
  1 4 4
    7 2 0
    1 2 9 6
―――――――――――
  4 5 6 9 7 6
```

4乗ともなると、$7^4$ や、$9^4$ などはさすがに大きくなります。実際、$9^4$ であれば最初のマス目に入る数字は 6561 になりますから、小さめの数の計算の方が向いています。

## コラム 語呂合わせで数字を覚えよう！

数字は色々な読み方をされます。

0：れい、れ、ぜろ、まる、わ、オー、オ
1：いち、い、ひとつ、ひと、ヒ
2：に、ふたつ、ふた、ふ、じ、ツー、ツ
3：さん、さ、みっつ、みつ、み
4：よん、よ、よつ、よっつ、し、ほ、フォ
5：ご、こ、い、いつつ、いつ、ゴン
6：ろく、ろ、むっつ、むつ、む、リク
7：しち、ひち、ななつ、なな、な
8：はち、は、ばあ、やっつ、やつ、や、やあ、やん
9：きゅう、きゅ、く、ここのつ、ここの、こ、クン

これを用いて我々は下記の例のように語呂合わせをして楽しんでいます。有名な語呂合わせのほんの一部です。

**例** 円周率 π：3.1415926535897932384626433832 7······
　　さんてんいちよん異国に婿さん（10ケタ）
　　産医師異国に向こう、産後役なく（15ケタ）

**ネイピアの数 $e$：2.718281828459045······**
　　鮒（ふな）、一鉢二鉢 一鉢二鉢 至極惜しい（16ケタ）

**光速：$2.99792458 \times 10^8$ m/s**
　　憎くなく 無事交番で 拘束（光速）だ

配布されたばかりの伝票を見て、すぐに「間違っているよ」と指摘する会計の達人。そういう人は何やら検算のツボを心得ているようです。「九去法」を中心とした検算テクニックを紹介しましょう。

PART_4

# 「検算術」の真髄は"九去法"にあり！

## 37 検算は「別の方法で」
### ——それこそ速算術！

　石川五右衛門が「浜の真砂は尽きるとも世に盗人の種は尽きまじ」と言ったという話がありますが、**本当に尽きないのは計算ミス**でしょう。みなさんの計算がどれだけ速くなり、効率のよい計算法を見つけようとも、「正しく計算が行なわれたかどうか、ミスがないかどうか」を何らかの方法でチェックする必要があります。それが大事な計算力の1つ、「検算」です。検算に大切なのは、次のことです。

「**検算は別の方法で行なえ！**」

　なぜなら、同じ方法で再計算すると同じ過ちを犯してしまう可能性が高いからです。そこで、このことを前提とした検算方法をいくつか紹介しましょう。

(0) 他人の計算結果と比べる
(1) 逆の計算で攻める
(2) 概数で攻める
(3) 余りに着目する

　(0) は効果的ですが、自力解決ではありません。ですから、ここでは (1) (2) (3) について見ていくことにします。

## (1) 逆の計算で攻める

　足し算なら　→　引き算で
　引き算なら　→　足し算で

掛け算なら　→　割り算で
割り算なら　→　掛け算で

つまり、逆の計算をすることで、もとの計算とは違った方法で再計算することができ、有効な検算となり得るのです。例えば、次のようになります。

3＋2＝5　は正しいか？　➡　5－2＝3　　　　　だから正しい
5－2＝4　は正しいか？　➡　4＋2＝6（≠5）だから正しくない
3×2＝8　は正しいか？　➡　8÷2＝4（≠3）だから正しくない
6÷2＝3　は正しいか？　➡　3×2＝6　　　　　だから正しい

## （2）概数で攻める

細かいことには目をつむり、大雑把なことに着目して判断しようというのが概数による検算です。ドンブリ勘定と感じる人もいるでしょうが、「1ケタ違う（0が多い、少ない）など大きなミスのチェック」に効果を発揮します。

例えば、939×151＝141789について概数で確かめてみます。左辺を1000×150と見なすと答えは150000。右辺は141789で150000に近いから大雑把には正しいと判断できます。

## （3）余りに着目する

これは、a＋b＝cのような計算が成立するかどうかを判断するのに、a＋bとcをそれぞれ同じ数 $p$ で割った余りで判断しようというものです。

たとえ余りが等しくなっても、だから「もとの2数は等しい」

PART_4　［検算術］の真髄は"九去法"にあり！

とは限りません。しかし、もし余りが違えばもとの2数は絶対等しくないという論法です。

　例えばa＋bを5で割ったら余りは3でした。cを5で割ったら余りは3でした。この時、「a＋b＝cと証明できた！」とは断言できません。なぜなら、上の計算で、a＋bが正しくは18だとします。これを5で割ったら余りは3になります。ところが、a＋bを23と計算ミスしても、5で割れば余りは同じく3です。当然18と23は等しくありません。これは18と23の差がちょうど5であり、余りに差がなくなるためです。
　一方で、a＋bを5で割ったら余りは3で、cを5で割ったら余りは2でした。この場合はa＋b≠cと断言できます。

　誤検算をできるだけ避けるには、割る数はできるだけ大きくしておくことです。そうすれば余りが等しくなる可能性が減るからです。

## コラム バームクーヘンの「余り」……

　今、バームクーヘンの小片が16個あって、それを3人の子供で分けると、1人あたり5個ずつに加えて、余りが1個……。
　簡単な話ですね。これを数式で書くと、次のようになります。

16＝3×5+1

　A製菓（個数は不明）とB製菓（こちらも個数は不明）のバームクーヘンがあります。3人で分け合うと、どちらも余りは1個になるとします。では、「AもBも、もとのバームクーヘンの個数は同じだったか？」というと、そうとは限らないでしょう。なぜなら7個でも、10個でも、13個でも、16個でも、3で割ると「余りは1個」になるからです。残量が同じだからといって、総量が同じとは断言できません。
　けれども、3人より9人で分けた残りだったら、「同じ可能性が高い」と言えますね。このようなことを考慮して9を採用したのが、次節から紹介する有名な「九去法」です。

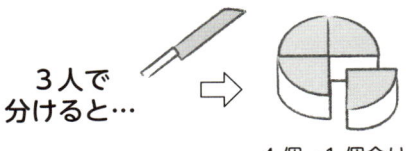

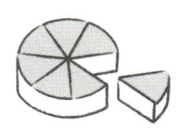

3人で分けると…　⇒　4個→1個余り　　7個→1個余り

## 38 「速く・カンタンに」検算する九去法の原理

　検算方法として有名なものに「九去法」があります。この検算の判断方法は非常に簡単で「2つの数を9で割った余りに着目し、余りが等しければ、もとの2つの数は等しい可能性が高い」と判断するものです。

---

**九去法の原理**

○を9で割ったら余りが ◎
●を9で割ったら余りが ◎

　　➡　おそらく ○＝●

---

　九去法は足し算、引き算、掛け算、割り算のすべての検算に利用できます。しかも、ある整数を9で割った余りは、実際に割り算をしなくても簡単に求めることができます。つまり、次の「9割の定理」を利用できるからです。

---

**9割の定理**

整数 □△○▽ を9で割った余りは

□＋△＋○＋▽ を9で割った余りに等しい。

※□、△、○、▽は各位の数を表わすものとする。

---

　例えば、9789 を9で割った余りは次のようになります。
9789÷9＝1087　余り6

いかにも大変そうですが、9割の定理を使えば暗算できます。

9+7+8+9=33　33÷9=3　余り6

　検算としての精度が同じなら、9789よりも33を9で割る方がラクです。できるだけ省エネモードでいきたいものです。このように9割の定理を使えば、各ケタの単純な足し算の値を9で割るだけで同じ精度の検算ができるのです。
　この便利な方法がなぜ成り立つのか見てみましょう。例えば「整数58742を9で割った余りと、5+8+7+4+2を9で割った余りが等しい」ことを示すために次のように式変形してみます。

$$
\begin{aligned}
58742 &= 5\times10000+8\times1000+7\times100+4\times10+2\\
&= 5\times(9999+1)+8\times(999+1)+7\times(99+1)+4\times(9+1)+2\\
&= 5\times9999+8\times999+7\times99+4\times9+5+8+7+4+2\\
&= 9(5\times1111+8\times111+7\times11+4\times1)+5+8+7+4+2\\
&= 9\text{の倍数}+5+8+7+4+2
\end{aligned}
$$

　これから58742を9で割った余りと、各ケタの数を足した5+8+7+4+2を9で割った余りが等しいことがわかります。
　なお、5+8+7+4+2を9で割った余りというのは、別の見方をすると、「足して9になる数を取り去った残り8」であるとも言えます。実は、これが九去法（数字の山から9ずつ取り去っていく→九去）の名前の由来なのです。

## 39 九去法カンタン検算① 「足し算の答え」

次の計算が正しいかどうか、九去法で検算してください。

$$3277 + 481 = 3758$$

まず、左辺 3277 + 481 を 9 で割った余りを求めます。

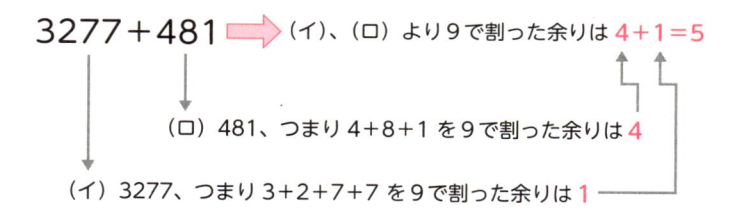

3277＋481 ⇒ （イ）、（ロ）より9で割った余りは 4＋1＝5

（ロ）481、つまり 4+8+1 を 9 で割った余りは 4

（イ）3277、つまり 3+2+7+7 を 9 で割った余りは 1

これで左辺の余りは、5 となりました。
次に右辺 3758 を 9 で割った余りを求めます。

3758 → 3+7+5+8=23
23÷9=2 余り5

左辺も右辺も 9 で割ると余りは 5 になりました。よって 3277 + 481 と 3758 は等しいと考えられます。ただし、これは「検算の結果、絶対に正しい」というよりも「正しい可能性が高い」ということですので、その点はご理解ください。

**例題** 九去法で足し算の検算をしてみよう。

❶53977＋632＝54609

　9割の定理より、左辺の53977（→5＋3＋9＋7＋7＝31）を9で割った余りは4、同じく左辺の632（→6＋3＋2＝11）を9で割った余りは2です。よって53977＋632を9で割った余りは4＋2＝6です。また、右辺の54609（→5＋4＋6＋0＋9＝24）を9で割った余りは6です。

　両方とも余りが6で等しいので、もとの足し算の結果は「正しい可能性が高い」でしょう。

❷917＋17＝924

　9割の定理より、左辺の917（→9＋1＋7＝17）を9で割った余りは8、同じく左辺の17（→1＋7＝8）を9で割った余りは8です。したがって917＋17を9で割った余りは8＋8＝16となり、さらに9を引いて（9で割って）、余りは7です。右辺は、924（→9＋2＋4＝15）を9で割った余りは6です。

　右辺と左辺の余りが異なるので、この足し算は正しくありません。

　繰り返しますが、九去法の検算は次のように判断してください。
　**余りが等しい場合……計算が合っている可能性が高い（100％正しい、という保証はない）。**
　**余りが異なる場合……計算は100％間違っている。**
　❶の場合、余りが一致しているので「答えが正しい可能性が高い」とは言えますが、絶対ではありません。❷の場合、余りが一致しないので100％間違った計算になっています。

## 40 九去法カンタン検算② 「引き算の答え」

次の計算が正しいかどうか、九去法で検算してください。

# 3277－481＝2796

まず、左辺 3277 － 481 を 9 で割った余りを求めます。

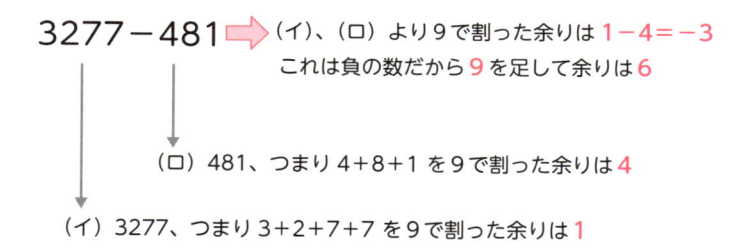

3277－481 ➡ （イ）、（ロ）より 9 で割った余りは 1－4＝－3
　　　　　　これは負の数だから 9 を足して余りは 6

　　　（ロ）481、つまり 4＋8＋1 を 9 で割った余りは 4

（イ）3277、つまり 3＋2＋7＋7 を 9 で割った余りは 1

これで左辺の余りは、6 となりました。
次に右辺 2796 を 9 で割った余りを求めます。

2796　→　2＋7＋9＋6＝24
24÷9＝2 余り6

左辺も右辺も、余りは 6 ですので、「計算結果は正しい（と予想できる）」といえます。足し算での九去法の検算がわかれば、引き算も同様なのです。

**例題** 九去法で引き算を検算してみよう。

**❶ 53977 − 632 = 53345**

　左辺 53977（→ 5 + 3 + 9 + 7 + 7 = 31）を 9 で割った余りは 4、もう 1 つの左辺 632（→ 6 + 3 + 2 = 11）を 9 で割った余りは 2 です。よって 4 − 2 = 2 となり、左辺の余りは 2 です。次に右辺 53345（→ 5 + 3 + 3 + 4 + 5 = 20）を 9 で割った余りは 2 です。

　余りを見ると、左辺＝右辺なので計算は「正しい可能性が高い」と見ることができます。

**❷ 31486 − 1517 = 29975**

　左辺 31486（→ 3 + 1 + 4 + 8 + 6 = 22）を 9 で割った余りは 4 です。もう一方の 1517（→ 1 + 5 + 1 + 7 = 14）を 9 で割った余りは 5 です。4 − 5 = − 1 ですが、マイナスの数になった場合は 9 を足し、左辺の余りは 8 となります。次に右辺 29975（→ 2 + 9 + 9 + 7 + 5 = 32）を 9 で割った余りは 5 です。

　右辺と左辺の余りが異なるので、計算結果は「確実に間違っている」といえます。

**❸ 22222 − 17273 = 4949**

　左辺 22222（→ 2 + 2 + 2 + 2 + 2 = 10）
　　　17273（→ 1 + 7 + 2 + 7 + 3 = 20）→ 10 − 20 = − 10
9 で割ると余りは − 1 なので、さらに 9 を足して 8。
　右辺 4949（→ 4 + 9 + 4 + 9 = 26）
　9 で割ると、余りは 8。
　右辺と左辺の余りが同じなので「計算結果は正しい」と予測できます。

## 41 九去法カンタン検算③「掛け算の答え」

　掛け算の結果が正しいかどうか、これも九去法で判定することができます。やり方はこれまでと似ていますが、「**余り同士も掛け算する**」点が異なります。なお、**小数点がついた数の掛け算では、小数点を無視して九去法を使えば検算可能です。**

　それでは実際に、次の掛け算が正しいかどうかを九去法で判定してみましょう。

$$3277 \times 481 = 1576237$$

　上記のような掛け算の答えは、大きな数になることが多いと思います。そんな時にこそ、九去法は省力・検算のパワーを発揮します。
　まずは左辺を9で割った余りを求めます。

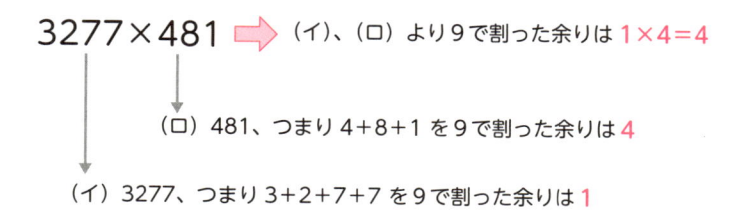

3277 × 481 ➡ （イ）、（ロ）より9で割った余りは 1×4＝4

　　　　　（ロ）481、つまり 4+8+1 を9で割った余りは 4

（イ）3277、つまり 3+2+7+7 を9で割った余りは 1

　3277の余りは1、481の余りは4なので、左辺の余りは1×4＝4となります。
　次に、右辺1576237（→1+5+7+6+2+3+7＝31）を9で割った余りを求めます。右辺の余りは4になりますね。
　左辺も右辺も9で割ると余りが4で等しくなるので、「もとの掛

け算は正しい可能性が高い」と予想できます。

**例題** 次の掛け算を九去法で検算してみよう。

❶ 539×632＝340648

9割の定理より、左辺539（→ 5 + 3 + 9 = 17）を9で割った余りは8で、もう1つの左辺632（→ 6 + 3 + 2 = 11）を9で割った余りは2です。8 × 2 = 16なので、さらに9で割って、余りは7です。右辺340648（→ 3 + 4 + 0 + 6 + 4 + 8 = 25）を9で割った余りは同じく7です。

よって、もとの掛け算は「正しい可能性が高い」と予想できます。

❷ 7352×43657＝320966274

9割の定理より、左辺7352（→ 7 + 3 + 5 + 2 = 17）を9で割った余りは8で、もう一方の左辺43657（→ 4 + 3 + 6 + 5 + 7 = 25）を9で割った余りは7です。8 × 7 = 56なので、9で割ると余りは2です。右辺320966274（→ 3 + 2 + 0 + 9 + 6 + 6 + 2 + 7 + 4 = 39）を9で割った余りは3です。

左辺と右辺の余りが違うので、この掛け算は「確実に間違い！」といえます。

❸ 321.4×27.4＝8484.96

小数点が入っていますが、この節の冒頭で「小数点は無視せよ」と述べたように、「3214 × 274 = 848496」が成り立つかと考えましょう。

3214 × 274
→　(3 + 2 + 1 + 4 = 10) 余り1
　　(2 + 7 + 4 = 13) 余り4

PART_4　「検算術」の真髄は"九去法"にあり！

よって、1 × 4 = 4　左辺の余り 4

848496　→　(8 + 4 + 8 + 4 + 9 + 6 = 39) を 9 で割ると、余り 3

左辺と右辺の余りが異なるので、「この計算は間違い！」と断言できます。

## 42 九去法カンタン検算④「割り算の答え」

　割り算の結果も、九去法で検算可能です。しかし、これまでのように直接、割り算での検算はできません。一度、「割り算→掛け算」に直してから九去法を使うことになります。

　それでは実際に、次の割り算の結果が正しいかどうかを九去法で判定してみましょう。

## 9015181240÷28145＝320312

　まずは、割り算を掛け算に直すと、
　9015181240 = 320312 × 28145
となります。この左辺と右辺を9で割った余りが等しいかどうかで、もとの割り算が正しいかどうかを判定すればよいのです。

　9015181240 → （9＋0＋1＋5＋1＋8＋1＋2＋4＋0＝31）を9で割ると、余りは 4
　次に右辺 320312 × 28145 を9で割った余りを求めます。

320312×28145　➡　（イ）、（ロ）より9で割った余りは
　　　　　　　　　2×2＝4

（ロ）28145、つまり 2＋8＋1＋4＋5 を
　　 9で割った余りは 2

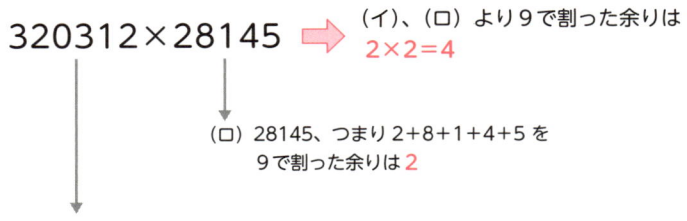

（イ）320312、つまり 3＋2＋0＋3＋1＋2 を9で割った余りは 2

PART_4　「検算術」の真髄は"九去法"にあり！

左辺も右辺も9で割ると余りが4で等しくなりました。ゆえに、掛け算（もとの割り算も）の結果は「正しい可能性が高い」と推測できます。
　ここまでの検算は予想範囲内だったと思いますが、割り算には「余り」が付きものです。余りが出る割り算にも九去法を適用してみましょう。

3277÷23＝142　　余り11

上記を掛け算に直すと、次のようになります。

3277＝23×142＋11

　まずは、左辺3277を9で割った余りを求めます。
　3277　→　3＋2＋7＋7＝19を9で割ると、余りは1
　次に右辺23×142＋11を9で割った余りを求めます。

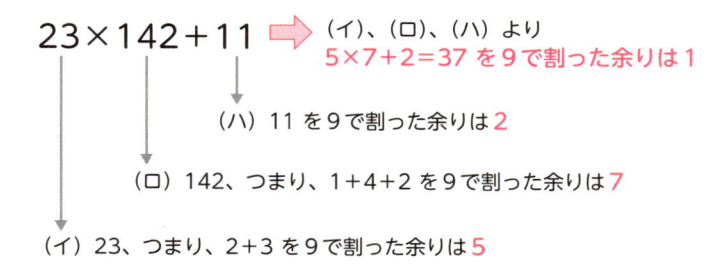

23×142＋11　⇒　（イ）、（ロ）、（ハ）より
　　　　　　　　5×7＋2＝37を9で割った余りは1

（ハ）11を9で割った余りは2

（ロ）142、つまり、1＋4＋2を9で割った余りは7

（イ）23、つまり、2＋3を9で割った余りは5

　左辺も右辺も9で割ると余りが1で等しくなりました。ゆえに、掛け算（もとの割り算）の結果は「正しい可能性が高い」と推測することができました。これで「余りが出た場合の検算」も九去法で

簡単にできることがわかったでしょう。

　念のため何度もいいますが、九去法は間違いに関しては確実に断言できますが、正しさに関しては100％の確度ではないことにご注意ください。あくまでも「正しい可能性が高い」ということであり、それ以上のことはいえません。

PART_4　［検算術］の真髄は〝九去法〟にあり！

## 43 「キリのいい数」に見立てて"検算"

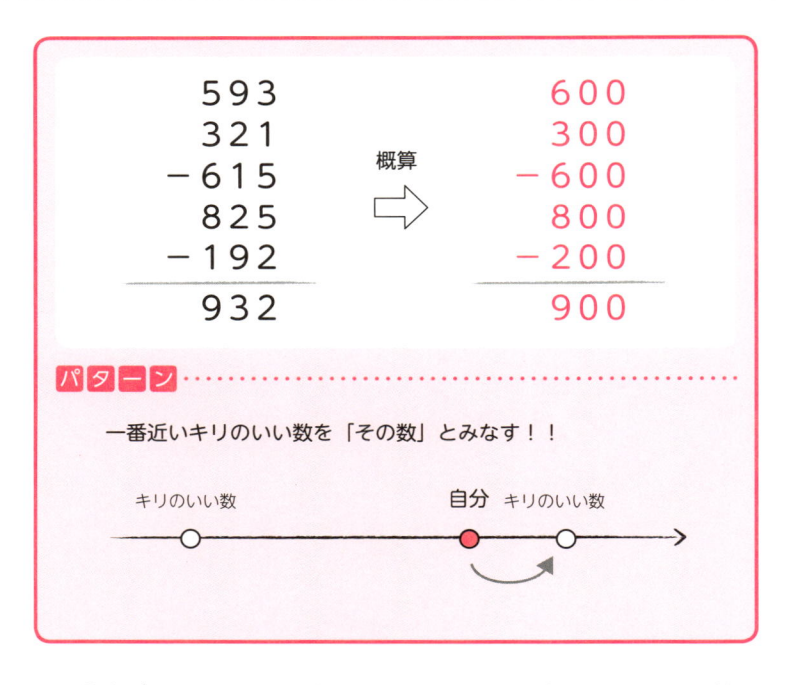

```
  593              600
  321              300
 -615     概算    -600
  825    ⇒        800
 -192             -200
  ───              ───
  932              900
```

**パターン**

一番近いキリのいい数を「その数」とみなす！！

キリのいい数　　　　自分　キリのいい数

数字がたくさんある計算では、それぞれに一番近いキリのいい数に置き換えると、概数を素早く求められます。

例えば、593 に一番近いキリのいい数は 600 です。

500　　　　　　　593 600

−615に一番近いキリのいい数は−600です。

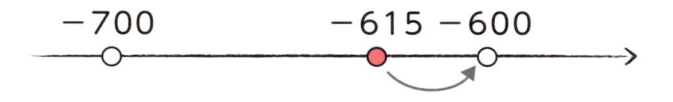

−192に一番近いキリのいい数は−200です。

**例題** 次の計算結果を概数で確かめてください。

❶ 78＋61−51−99＋17＝6

```
   78              80
   61              60
 −51            −50
 −99          −100
   17              20
 ───            ───
    6              10
```
概算

❷ 1987＋6354＋4129−7984−1799＋5299＋4897−1177
＝11706

```
  1987           2000
  6354           6000
  4129           4000
 −7984         −8000
 −1799         −2000
  5299           5000
  4897           5000
 −1177         −1000
 ─────         ─────
 11706          11000
```
概算

PART_4 「検算術」の真髄は〝九去法〟にあり！

# 44 キリのいい数の「挟み撃ち」検算術

| 小さい側 | | 大きい側 |
|---|---|---|
| 500 | 593 | 600 |
| 300 | 321 | 400 |
| －700 | －615 | －600 |
| 800 | 825 | 900 |
| －200 | －192 | －100 |
| 700　≦ | 932　≦ | 1200 |

この 932 は正しいと思われる！！

　前節のようにキリのいい数にして概数を出すことも可能ですが、その数がたまたま「すべて多め」「すべて少なめ」になると、平気で 2 倍、あるいは 1/2 くらいの数になってしまいます。

　そこで、**「挟み撃ち」検算術**をご紹介します。これを使うと 2 つの計算（概数計算）をすることになるので手間が 1 つ増えますが、正解は必ずこの 2 つの概数の間に入るはずです。もし、あなたの計算結果がこの 2 つの間になかったら、確実に計算ミスがあるといえます。

　なお、マイナスの数の大小比較で混乱する人がいますが（次ページ❸）、数直線で考えるクセを付けておくとよいでしょう。

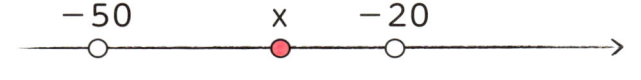

50 は 20 より大きいが「マイナス」がつくと、$-50 < x < -20$

**例題** ❶計算が正しいと思われる検算例

| (小) | | (大) |
|---|---|---|
| 60 | 67 | 70 |
| 120 | 121 | 130 |
| 50 | 54 | 60 |
| 40 | 49 | 50 |
| 80 | 87 | 90 |
| 350 ≦ | 378 ≦ | 400 |

❷計算が誤りであることがわかる検算例（正解は1438）

| (小) | | (大) |
|---|---|---|
| 400 | 467 | 500 |
| −200 | −121 | −100 |
| 700 | 754 | 800 |
| −400 | −349 | −300 |
| 600 | 687 | 700 |
| 1100 ≦ | 1738 ≦ | 1600 |

❸正解なのに検算で間違ってしまった例

「−100 ≦ −121 ≦ −200」「−300 ≦ −349 ≦ −400」は誤りです。このミスは意外に多いので気を付けましょう。

| (小) | | (大) |
|---|---|---|
| 400 | 467 | 500 |
| −100 | −121 | −200 |
| 700 | 754 | 800 |
| −300 | −349 | −400 |
| 600 | 687 | 700 |
| 1300 ≦ | 1438 ≦ | 1400 |

## 45　3秒でわかる「一の位」を見るだけ検算

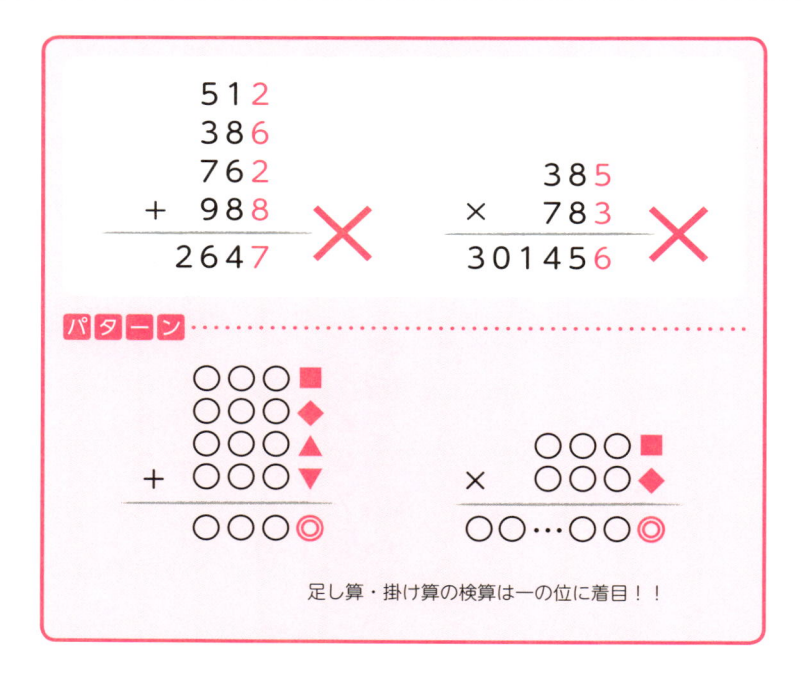

```
    512
    386
    762
 +  988          ×    385
 ─────           × ─── 783
   2647            301456
```
✕　　　　✕

**パターン**

```
    ○○○■
    ○○○◆
    ○○○▲
 +  ○○○▼          ×    ○○○■
 ─────             ─── ○○○◆
   ○○○○◎           ○○…○○◎
```

足し算・掛け算の検算は一の位に着目！！

　経理のプロは、他部署から上がってくる数値を見て「請求書の計算、間違ってますよ！　やり直してください」とすぐに指摘できることが多いようです。不思議なほど素早い理由は、**最後の数（一の位の数）をチェック**しているからです。

　足し算であれば、一の位くらいは簡単に計算できます（ただし、切り捨ててある場合は別）。掛け算でも、21037192 × 3370916 ＝ 6……4 とあれば、「山田さん、間違ってますよ」と即座にいえます。なぜなら、一の位の掛け算「2 × 6」の場合、末尾は必ず 2 になるからです。

検算では、正確にチェックするのは大変です。九去法を使っても、合っているかどうかは「おそらく…」という条件付きでした。

しかし、「ここだけは明らかな間違いです」という指摘なら、上記のように簡単なのです。「一の位」に目をつけましょう。足し算や掛け算において一の位は他の位とは違い、煩わしい繰り上げを気にしなくても済みます。

もちろん、一の位が合っていたからといって、それで計算が正しいとは言い切れませんが、最低限のチェックにはなり得ます。ケタ数（概数）と、一の位の2つならサッとチェックできるでしょう。

**例題** 次の答えを3秒でチェックしてください（一の位を検算）。

❶272＋304＋508＋602＋334＋972＋502＝3493

一の位の数を「2＋4＋……」と足していかなくても間違いとわかります。すべて偶数の足し算なのに答えが奇数になっているからです。

❷712＋303＋688＋344＋598＝2544

足し算の中に1つだけ奇数が入っているので、計算結果は確実に奇数になるはずなのに、答えは偶数になっています。これも間違いです。

❸3731×52906＝197392281

一の位同士を掛け合わせると「1×6＝6」になりますが、答は1になっています。この答えも残念ながら間違いです。

よって、3秒以内に判断できます。

PART_4 「検算術」の真髄は"九去法"にあり！

## コラム 欧米人は3ケタ、日本人は4ケタ？

　数字そのものは3ケタ区切りや4ケタ区切りとは無関係です。しかし、会計簿や経理簿を開けると「2,547,102,000」のような表記はごく当たり前です。

　3ケタごとにカンマで区切った表記に慣れている人は、上の数字を見てすぐに「25億4710万2000」と読めるようです。慣れとは、スゴイものです。

　しかし、日本や中国の表記では一、十、百、千ときて、その次は万、十万、百万、千万となり、さらにその次は一億、十億、百億、千億となります。つまり、4ケタごとに「万、億、兆…」と単位が変わっていくのです。したがって、日本人にとっては、「25,4710,2000」のように4ケタごとにカンマで区切った表現の方がズッとわかりやすいのではないでしょうか。「25,……」で25億とすぐに判断できるからです。

　これは143ページでも述べる「細菌の増加（$10^{30}$）」の説明で区切った方法です。3ケタ区切りが使われているのは、欧米の数のカウントの仕方を採用したからでしょう。

　例えば、「102,000」の英語読みは「one hundred two thousand」です。つまり、欧米人は1000が102個あると考えて3ケタ（または6ケタ）ごとにカウントするのです。

　速算につなげるためにも、3ケタや4ケタでの読み取り術にも長けておくことが必要です。

「計算は正確無比がイチバン」と考えがちですが、仕事や生活で精密な数値を必要とすることはそうありません。むしろ大まかな数（概数）で十分なことが多く、全体をつかみやすいメリットもあります。この章では、そんな概算術で計算を大幅にスピードアップする方法を紹介します。

PART_5

「概算術」を使いこなす！

## 46 πの計算は22/7を使え！

$$\frac{22}{7} = 3.142857142857\cdots$$

$$\frac{355}{113} = 3.14159292035398\cdots$$

（π=3.14159265358979……）

　ここからの検算では、「近似値」を使って速算することを考えましょう。例えば円周率です。一般的に私たちは円周率というと、3.14という小数を使います。

　しかし、円周率πは本当は3.14ではありません。これは円周の長さと直径の長さにおける比であり、この値は無限小数であって正確な値として扱うことはできません。

　π = 3.14159265358979……

　そこで、必要に応じて適当な近似値を使うことになります。最もよく使われるπの近似値は、3.14ですね。

　ここで、速算のためにアタマを切り替えます。もともと小数であっても絶対に正確には扱えない数ですから、3.14自体が概数といえます。そうであれば、扱いにくい小数から離れて「分数」に持っていくことを考えるのです。

　実は、昔から円周率を分数で扱うことが行なわれていました。中でも精度が高く、しかも速算に使えるものとしては22/7がお薦め

です。覚えやすく、3.14 まで同じ精度だからです。もう少し高い精度が必要であれば 355/113 もよく使われます。以下に、円周率 $\pi$ を分数で近似する他の例をあげておきます。

$\dfrac{25}{8} = 3.125$ 　　（赤い数字部分は正しい！）

$\dfrac{333}{106} = 3.141509\cdots\cdots$

（$\pi$ は無理数だからもちろん分数でも正確には表わせません）

$\dfrac{103993}{33102} = 3.14159265301\cdots\cdots$

$\dfrac{22}{7} \times \dfrac{2484}{2485} \times \dfrac{12983009}{12983008} = 3.141592653589 69\cdots\cdots$

$\dfrac{1019514486099146}{324521540032945} = 3.14159265358979\cdots\cdots$

（小数点以下25ケタまで正しい）

**例題** 次の半径を持つ土地の面積を求めなさい。

**❶半径が14mの円の土地**

円の面積は「半径×半径×円周率」なので、円周率に 22/7 を使って、

14×14×22/7＝2×14×22＝28×22＝616（m²）

**❷半径が20mの円の土地**

円周率に 25/8 を使ってみます。

20×20×25/8＝400÷8×25＝50×25＝1250（m²）

円周率として 22/7 と 25/8 を適宜、使い分ければ、超速算術ができることがわかりますね。

## 47 「$2^{10}$＝1000」はバツグンの概算

$$2^{10} = 1024 ≒ 1000 = 10^3$$

**パターン**

$$2^{10} = 1000 \text{ とみなす}$$

　コンピューターの内部では、すべての情報を「電圧が高いか、低いか」というどちらか2つの状態として扱っています。この情報の最小単位をビットといいます。つまり、1ビットで2通りの情報を表わすことができるのです。その結果、以下のように情報を表わすことができます。

　2ビット ……　$2×2=2^2=4$通り
　3ビット ……　$2×2×2=2^3=8$通り
　　　　〜
　8ビット ……　$2^8=256$通り

　この8ビットをコンピューターの世界では1B（バイト）と呼び、それが1024（＝$2^{10}$）倍するたびにKB（キロバイト）、MB（メガバイト）、GB（ギガバイト）、TB（テラバイト）という単位を付けて慣用的に情報量を表示しています。

1KB＝1024B＝$2^{10}$ B
1MB＝1024KB＝$2^{20}$ B
1GB＝1024MB＝$2^{30}$ B
1TB＝1024GB＝$2^{40}$ B

「キロ」といっても通常のケタ数を表わす「キロ」と違って、ピッタリと1000倍にはなりませんが（正確には1024倍）、ITの世界では、次のように1000倍ごとにKB、MB、GB、TBと呼んで、概算として情報量を扱うことが常識となっているのです。

1KB＝1000B＝$10^{3}$ B
1MB＝1000KB＝$10^{6}$ B
1GB＝1000MB＝$10^{9}$ B
1TB＝1000GB＝$10^{12}$ B

もちろん、これらの表現は近似表現ですが、下記の表からテラバイト段階でも9割がた正しいことがわかります。

(注) 小文字の「k」を1000倍、大文字の「K」を1024倍の意味で使い分けることがあります。

| $x$ | | $y$ | | $y/x$ |
|---|---|---|---|---|
| $2^{10}=$ | 1024 | $10^{3}=$ | 1000 | 0.98 |
| $2^{20}=$ | 1048576 | $10^{6}=$ | 1000000 | 0.95 |
| $2^{30}=$ | 1073741824 | $10^{9}=$ | 1000000000 | 0.93 |
| $2^{40}=$ | $1.09951 \times 10^{12}$ | $10^{12}=$ | 1000000000000 | 0.91 |

740MBのCDは約740000000バイトの情報量があるのか！！

$2^{10} \fallingdotseq 1000$ は、ITの世界でなくても大きな数の計算に活用する

ことで、うまく処理することができます。以下に速算での活用例を2つご紹介しましょう。

**例題1** 厚さ5mmの朝刊を20回折るとどのくらいの厚さになるか、速算で計算してみましょう。

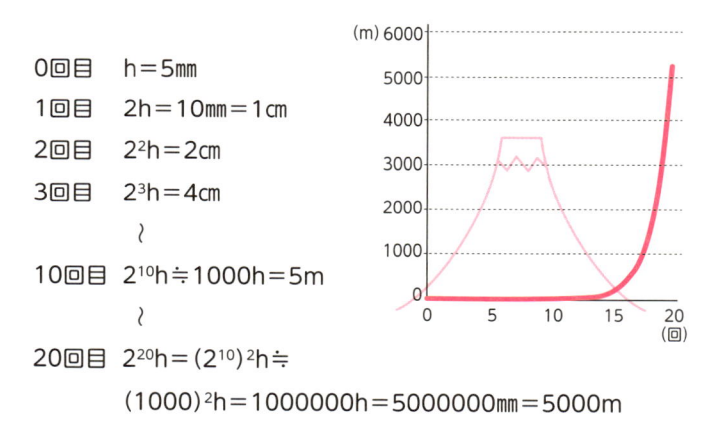

0回目　$h = 5mm$
1回目　$2h = 10mm = 1cm$
2回目　$2^2 h = 2cm$
3回目　$2^3 h = 4cm$
　　　〜
10回目　$2^{10} h ≒ 1000h = 5m$
　　　〜
20回目　$2^{20} h = (2^{10})^2 h ≒ (1000)^2 h = 1000000h = 5000000mm = 5000m$

富士山の高さは3776mです。朝刊を10回折った段階では、まだ5mなのに、さらに10回(計20回)折るだけでなんと5000mという距離になってしまいました。$2^n$(2の累乗)、侮るべからずです。

それとともに、「$2^{10} ≒ 1000$」という数値を1つ覚えておくだけで、計算がすごくラクになることがおわかりだと思います。

**例題2** 30分で1回分裂する細菌の50時間後の数を計算してください。

細菌は恐ろしい速さで分裂することで知られています。「2つずつ」に分裂しますから、ここでも$2^n$の計算が使えます。

まずは、理解しやすく30分おきの分裂状況を見ておきましょう。

0分後：1匹
30分後：2匹
1時間（＝2×30分）後：$2^2$＝4匹
1時間30分（＝3×30分）後：$2^3$＝8匹
　　　　〜
5時間（＝10×30分）後：$2^{10}$＝1000匹
　　　　〜
50時間（＝100×30分）後：$2^{100}$＝$(2^{10})^{10}$≒$(1000)^{10}$＝$(10^3)^{10}$
＝$10^{30}$＝1000000000000000000000000000000匹

答えは「$10^{30}$匹」です。0を並べてみると（下の表記では、カンマをわざと4桁区切りで打ってあります）、たった2日（50時間）で100穣（じょう）という、天文学的数値にまで細菌が増えるのがわかるでしょう。

$10^{30}$＝100,0000,0000,0000,0000,0000,0000,0000匹
　　　　穣　　秭　　垓　　京　　兆　　億　　万

他のケタは秭（じょ）、垓（がい）、京（けい）と読みます。ちなみに理化学研究所が保有するスーパーコンピューター「京」は1秒間に1京回の計算ができるところから名付けられたそうです。

# 48 古代エジプトの(8/9×直径)²を概算に使う

直径10の円の面積 ➡ $\left(\dfrac{8}{9} \times 10\right)^2 = 79.0123$

**パターン**

$\left(\dfrac{8}{9} \times 直径\right)^2 = 円の面積$

円／円の直径の $\dfrac{8}{9}$ の正方形

左の円と右の正方形の面積はほぼ同じ

　円の面積の求め方は、半径×半径×円周率（3.14）です。例えば半径5mの円であれば、5×5＝100÷4と考えられるので次のように速算できます。

5×5×3.14＝25×3.14＝100×3.14÷4＝314÷4＝78.5m²

　しかし、次のようなケースではもっと簡単な概算法があるのです。

**例題** 一辺9mの正方形の土地があります。その中央からスプリンクラーで水を撒いたところ、正方形の各辺に接する部分まで万遍なく水

が円状に撒かれました。スプリンクラーによって水が撒かれた面積はおよそどのくらいでしょうか。

1辺9mの正方形の場合、先ほどの速算は使えません。そこで古代エジプト人の知恵を使ってみましょう。エジプトの数学書『リンド・パピルス』によれば、「正方形に内接する円の面積は、正方形の一辺の8/9倍を一辺とする正方形の面積で近似できる」といいます。文章にするとややこしいですが、要するに「一辺が9mの正方形に内接する円の面積は、8mの正方形の面積に置き換えられる」ということなので、$8 \times 8 = 64m^2$ とすぐに答えが出ます。

今、円の半径は4.5mなので円の面積の公式に当てはめると $4.5 \times 4.5 \times \pi = 64$ となります。$\pi$ について解くと、$\pi = 3.1604938$……となり、$\pi = 3.14$ に極めて近似していることがわかります。

実際に円の直径を色々と変えてみても、面積を求める際、かなり近似しているのには驚かされます(下表参照)。

| 円の直径 | 8/9の近似式で求めた面積 | 円の正確な面積 |
| --- | --- | --- |
| 10 | 79.01234568 | 78.53981634 |
| 100 | 7901.234568 | 7853.981634 |
| 200 | 31604.93827 | 31415.92654 |
| 300 | 71111.11111 | 70685.83471 |
| 400 | 126419.7531 | 125663.7061 |
| 500 | 197530.8642 | 196349.5408 |

## コラム 曽呂利新左衛門はアッという間に百万石の大名に!?

　豊臣秀吉の時代に、曽呂利新左衛門と呼ばれる知恵者がいたと言われています。実在したか否かは不明ですが、彼は堺で刀鞘を作っていて、その刀鞘には「刀がそろ〜り」と合うため、その名が付いたという話があります。また、落語家の始祖とも言われるほど、トンチに秀でていたようです。

　数式を活用したこんなエピソードがあります。

　ある時、曽呂利新左衛門は功労に対する褒美として、秀吉から「希望通り、なんでもやろう！」と言われました。

　そこで彼は、「今日は米 1 粒、翌日には倍の 2 粒、その翌日にはさらに倍の 4 粒……と、日ごとに倍の量の米を 100 日間もらえませぬか」と希望したというのです。秀吉は、「なんと欲のない奴よのう」と思ったそうですが、いざ、米粒を与え続けると……。

　$n$ 日間に新左衛門がもらえるお米は次の式で表わせます。

$1+2+2^2+2^3+ \cdots\cdots +2^{n-1}$ 粒

　37 日で $1.37 \times 10^{11}$ 粒で 1 万 4000 石、44 日で $1.76 \times 10^{13}$ 粒で 180 万石、100 日では $1.27 \times 10^{30}$ 粒で $1.27 \times 10^{19}$ 万石……。

　その恐ろしい増え方に気づいた秀吉は新左衛門に謝って別の褒美に替えてもらったとのことです。

　なお、米 1 万粒で 1 合（160 グラム）、10 合＝ 1 升、100 升＝ 1 石として概算しました。

## 49 スピード換算① 1尺、1間、1町の長さは？

コラムの曽呂利新左衛門にちなんで、昔と今の長さや重さを単位換算できるようにしておきましょう。

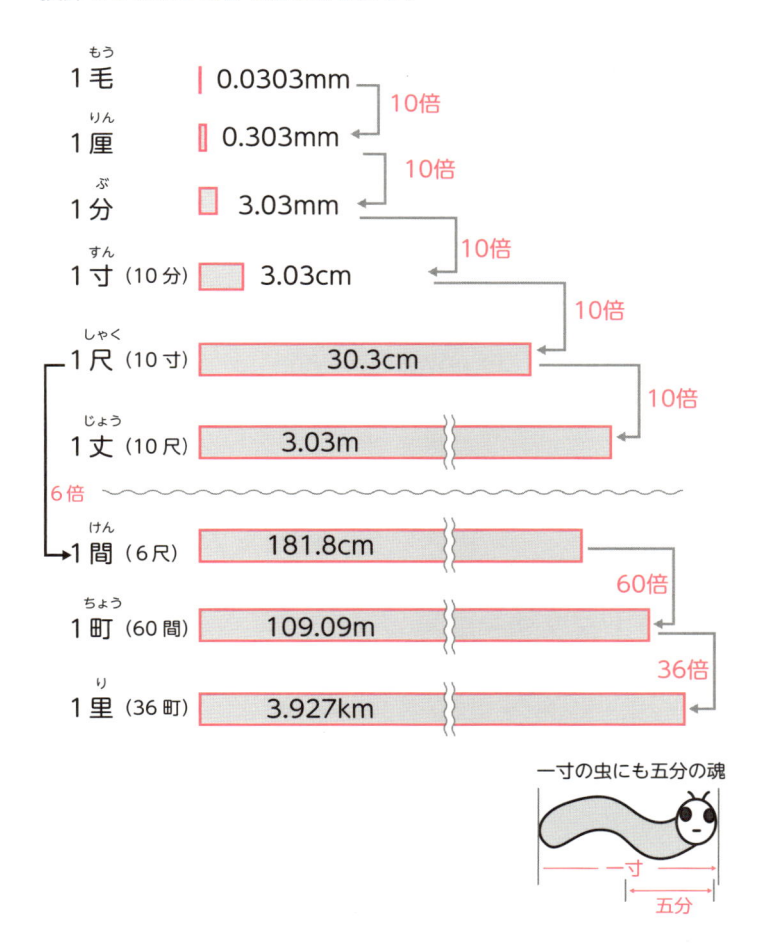

1毛（もう）　0.0303mm
1厘（りん）　0.303mm　←10倍
1分（ぶ）　3.03mm　←10倍
1寸（すん）（10分）　3.03cm　←10倍
1尺（しゃく）（10寸）　30.3cm　←10倍
1丈（じょう）（10尺）　3.03m　←10倍

6倍

1間（けん）（6尺）　181.8cm
1町（ちょう）（60間）　109.09m　←60倍
1里（り）（36町）　3.927km　←36倍

一寸の虫にも五分の魂
（一寸／五分）

## 50 スピード換算②
## 1坪、1町歩の面積って？

　農家の方やお年寄りとお話をすると、畑が「一町歩（ちょうぶ）」とか「3反（たん）」というように昔から使われていた面積の単位を使われます。これらの単位は戦後の学校教育では正規に教わっていません。しかし、今でも使われているので知っておくと役に立ちます。

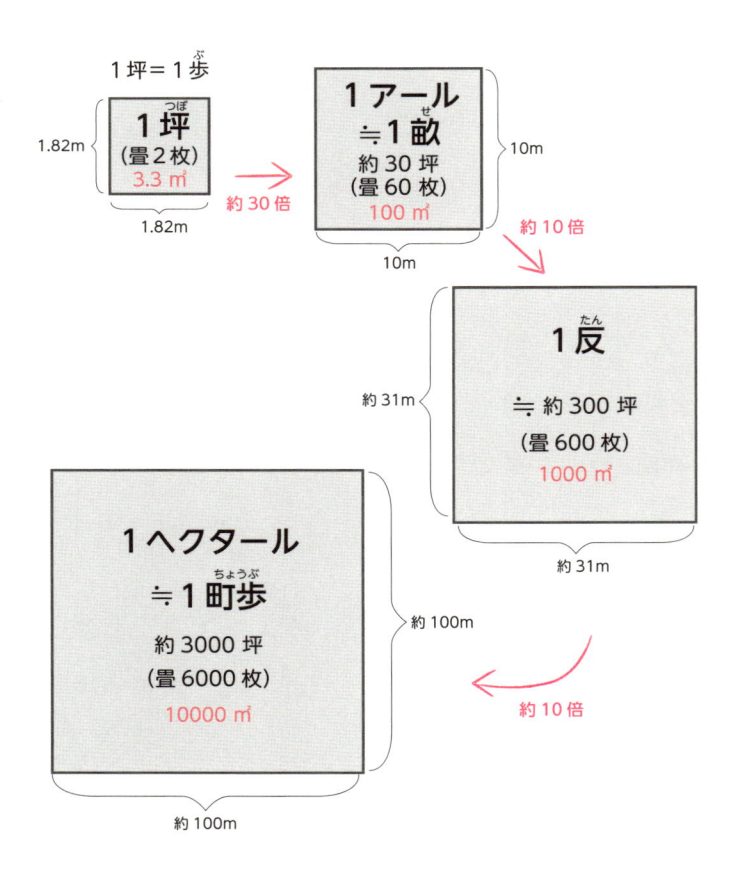

**1坪 = 1歩（ぶ）**
1.82m × 1.82m
1坪（つぼ）（畳2枚）
3.3 ㎡

約30倍 →

**1アール ≒ 1畝（せ）**
10m × 10m
約30坪（畳60枚）
100 ㎡

約10倍 →

**1反（たん）**
約31m × 約31m
≒ 約300坪（畳600枚）
1000 ㎡

約10倍 →

**1ヘクタール ≒ 1町歩（ちょうぶ）**
約100m × 約100m
約3000坪（畳6000枚）
10000 ㎡

## 51 スピード換算③
# 1斗、1石、1升…？

容積を表わすのに升、斗、石が、重さを表わすのに匁、斤、貫が現在でも使われています。なお、中国の1升は1リットルです。

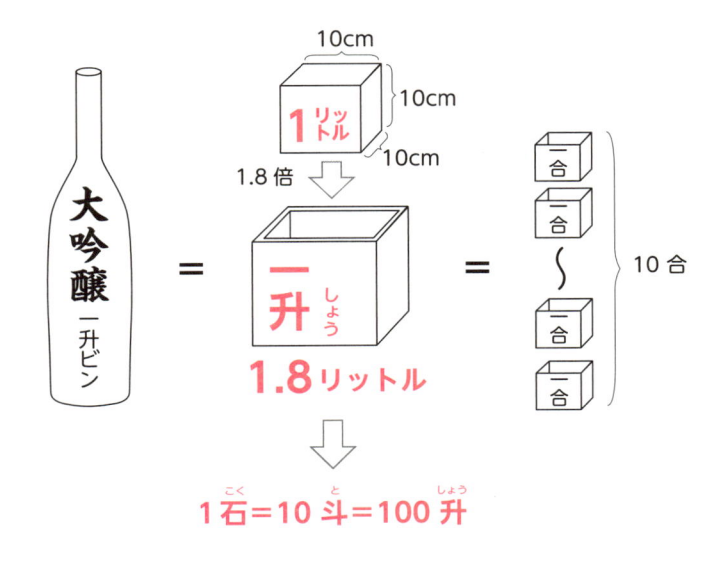

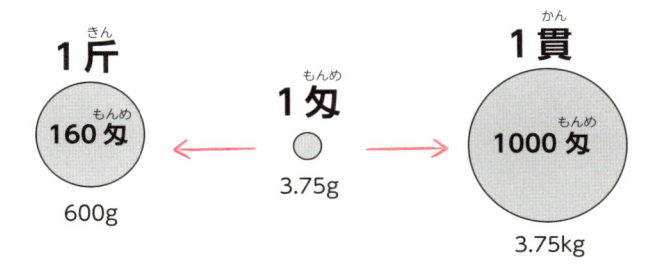

大吟醸 一升ビン ＝ 一升（しょう）**1.8リットル** （1リットル=10cm×10cm×10cm の1.8倍） ＝ 10合（一合×10）

**1石＝10斗＝100升**

**1斤** 160匁 600g ← **1匁** 3.75g → **1貫** 1000匁 3.75kg

## 52 近似値
## 1、100……に近い平方根

$$\sqrt{1.006} \fallingdotseq 1.003 \text{ (正しくは 1.00299551344959…)}$$

**パターン**

$$\sqrt{a+h} \fallingdotseq \sqrt{a} + \frac{h}{2\sqrt{a}} \quad (h \fallingdotseq 0)$$

この節は少し高度ですが、知っていると便利です。

平方数（$1 = 1^2$、$4 = 2^2$、$9 = 3^2$……）に近い数の平方根の近似値は、上記のパターンを用いれば簡単に求められます。

手計算で平方根を求める手法をご存じの方は本当に数少ないと思いますし、なかなか大変です。そんな時、「$\sqrt{1.006}$？ あぁ、およそ 1.003 だね」と答えることができれば、まわりから尊敬のまなざしを注がれます。

上記の式は実際には微分を用いて導き出される下記の近似公式（イ）から得られます。つまり $p = 1/2$ として（イ）を書き換えたものです。

$$(a+h)^p \fallingdotseq a^p + pa^{p-1}h \quad (h \fallingdotseq 0) \cdots \text{（イ）}$$

なお、(イ) は a = 1 とすると、次のような簡単な式になります。

$$(1+h)^p \fallingdotseq 1+ph \quad (h \fallingdotseq 0) \cdots (ロ)$$

こちらも近似公式としてよく使われます。

**例題** 次の平方根のおおよその値を求めてください。

❶ $\sqrt{1.006} = \sqrt{1+0.006} \fallingdotseq \sqrt{1} + \dfrac{0.006}{2\sqrt{1}} = 1.003$

❷ $\sqrt{3.992} = \sqrt{4-0.008} \fallingdotseq \sqrt{4} - \dfrac{0.008}{2\sqrt{4}} = 2 - 0.002 = 1.998$

❶は冒頭の例にあげたものです。どうしてそのような値が出てくるのか、そのプロセスを理解してもらえればと思い、掲載しました。これは（ロ）において、$p = \dfrac{1}{2}$、h = 0.006 としても求められます。❷は「4（= $2^2$）から小さな数を引く」というところに目が向けば近似値を求めることができます。微分での説明は別として、平方根の近似値を求める式だけは、ぜひ覚えておいてください。

## コラム 縁起のいい数、悪い数？

　数学の世界では、数そのものに縁起がいいとか悪いとか、そんな価値判断が入り込む余地はありません。しかし、実際の社会生活では一部、縁起がいい数、悪い数と分類されています。その判断基準は我々の生活する場所や文化などの違いによってまちまちです。

　以下に、縁起のいい数、悪い数の例をあげました。もちろん、人によって受け止め方が変わって当然の絶対的なものではありません。

### (1) 数の使われ方、文化による分類

**1** ・・・・最初、最高、唯一無二 → 縁起がいい
**2** ・・・・カップルの状態 → 縁起がいい
**3** ・・・・親子3人 → 縁起がいい
　　　　三切れ →「身切れ」を連想し縁起が悪い
**7** ・・・・ラッキーセブン　→　縁起がいい
**13**・・・キリストの処刑に関わる数 → 欧米人には縁起悪い

### (2) 数の発音による分類

**4** ・・・・「シ」は「死」と同音 → 日本人には縁起悪い
　　　　「四つ葉のクローバー」→ 欧米人には縁起がいい
**9** ・・・・「ク」は「苦」と同音 → 縁起悪い
　　　　「ク」は「久」に通じる → 縁起がいい

### (3) 数の形による分類

**8** ・・・・「八」は末広がり → 日本人には縁起がいい

### (4) 他の数との関係による分類

**24**・・・約数は1、2、3、4、6、8、12、24とたくさんある → 縁起がいい
**11、13**
・・・・・・素数（1と自分自身だけで）冷たい → 縁起が悪い

2進数と10進数の換算、年利計算、元号と西暦・干支（えと）の計算など、これまでの単純な足し算・引き算・掛け算・割り算とは別に、我々の生活に欠かせない身近な数字を即時に換算。そんなスゴワザを身に付けて、まわりの人を「あっ！」と驚かせてみましょう。

PART_6

# 知ってトクする速算術のウラ技

## 53 元金2倍になる年数を秒速で導く「72の法則」

> 72 ÷ 年利率（％） ≒ 元金2倍になる年数

　これはとっても便利な法則です。今、年利3％で金融機関に預けた（複利）とすると、72 ÷ 3 ＝ 24（年）で元金が2倍になることがわかる速算術です。

　他の数値でもやってみましょう。年利率5％の場合は72 ÷ 5 ＝ 14.4より14.4年かかることになります。正確には14.21年ですが、近似値としては十分使えます。

　このように72を年利率で割れば、元金が2倍になる年数の近似値が得られるというのが**「72の法則」**です。

　バブル期の7〜8％の年利だと、次にようになります。

72 ÷ 8 ＝ 9（年）

　たった9年、銀行にお金を寝かしておくだけで倍増していたのです。ところが昨今では、金利というと0.01％などのわずかな利率です。

72 ÷ 0.01 ＝ 7200（年）

　2倍になるまで、なんと7200年もかかります。そう考えると、いかに銀行の金利が低いか実感が湧くというものです。

もう少し一般的な式で表わすと、年利率 r の複利計算で元金を預けた時、元利合計が元金の 2 倍になるのは何年後かを概算すると次のようになります。

**2倍になる年数＝72÷r（％）**

　銀行をはじめ、金融機関の方にとっては必須の計算法ですが、なぜこのような計算ができるのでしょうか（以下は常用対数 log の知識が必要なので、難しければ飛ばしてください）。

　年利率 r の複利計算で元金 A 円を N 年間銀行に預けた時の元利合計は $A(1+r)^N$ となります。r が 3％とすると 3/100 となります（3％＝ 0.03）。これが元金 A の 2 倍になるわけですから、次の等式が成立します。

$$2A = A(1+r)^N$$

この式から A を消去すると N と r の次の関係式が得られます。

$$2 = (1+r)^N \quad \cdots\cdots ①$$

この①を N について解くと、次のようになります。

$$N = \frac{\log 2}{\log(1+r)} \quad \cdots\cdots ②$$

　先の「5％で 14.21 年（72 ÷ 5 であれば 14.4 年）」というのは、この②の r に 0.05 を代入して求めたものです。また、①を r について解くと次のようなすごい式になります。

$$r = 10^{\frac{\log 2}{N}} - 1 \cdots ③$$

これを用いると、N 年で元金が 2 倍になる時の利率がわかります。次の表はこの③を用いて作成したものです。

## N 年で元金が 2 倍になる時の利率 r

| N(年数) | r(利率%) | N×r | 72÷r による N の概算値 |
|---|---|---|---|
| 1 | 100.0 | 100.0 | 0.7 |
| 2 | 41.42 | 82.8 | 1.7 |
| 3 | 25.99 | 78.0 | 2.8 |
| 4 | 18.92 | 75.7 | 3.8 |
| 5 | 14.87 | 74.3 | 4.8 |
| 6 | 12.25 | 73.5 | 5.9 |
| 7 | 10.41 | 72.9 | 6.9 |
| 8 | 9.05 | 72.4 | 8.0 |
| 9 | 8.01 | 72.1 | 9.0 |
| 10 | 7.18 | 71.8 | 10.0 |
| 11 | 6.50 | 71.5 | 11.1 |
| 12 | 5.95 | 71.4 | 12.1 |
| 13 | 5.48 | 71.2 | 13.1 |
| 14 | 5.08 | 71.1 | 14.2 |
| 15 | 4.73 | 70.9 | 15.2 |
| 16 | 4.43 | 70.8 | 16.3 |
| 17 | 4.16 | 70.7 | 17.3 |
| 18 | 3.93 | 70.7 | 18.3 |
| 19 | 3.72 | 70.6 | 19.4 |
| 20 | 3.53 | 70.5 | 20.4 |
| 21 | 3.36 | 70.5 | 21.5 |
| 22 | 3.20 | 70.4 | 22.5 |
| 23 | 3.06 | 70.4 | 23.5 |
| 24 | 2.93 | 70.3 | 24.6 |
| 25 | 2.81 | 70.3 | 25.6 |
| 26 | 2.70 | 70.2 | 26.6 |
| 27 | 2.60 | 70.2 | 27.7 |
| 28 | 2.51 | 70.2 | 28.7 |
| 29 | 2.42 | 70.1 | 29.8 |
| 30 | 2.34 | 70.1 | 30.8 |

> N が増えると N×r の値は減少し 72 よりも 69 に近い数になります。よって、元金が 2 倍になる法則を「69 の法則」と言うこともあります。

この表を見ると、元金が 2 倍になる年数 N と利率 r（％）を掛けたものは、ほぼ 72 になっていることがわかります。これが「72 の法則」の根拠です。表の両サイドを見比べると、この法則が概算

として使えそうなことがわかります。

　一般に、利率が高い時は72を適用すると近似値となり、逆に利率が低い場合は70や69を使うと現実的な近似値となります。このため、70を使っている人もいると聞きます。

**例題** ❶金利が2％の金融機関に200万円を預けた。2倍の400万円になるには、何年かかるか。

72÷2＝36年

❷金利が3.5％の外資系金融機関に1万ドルを預けた。これが2倍の2万ドルになるのは何年後か。

72÷3.5＝20.57年

　3.5％という利率を考えると、70÷3.5＝20年とした方が速いし、近似値としても問題ありません（利率が低いので、かえって70の方が近い）。72と70を臨機応変に使い分けてください。どちらも近似値なので、あまり72にこだわる必要はありません。

❸ある金融機関にお金を預けると、2倍になるのに40年かかるという。その金融機関の利率はいくらか。

72÷r＝40

よって、r＝1.8（％）とわかります。

## 54 「114の法則」で途上国のGDP 3倍…の年も

> 114 ÷ 年利率（％）≒ 元金3倍になる年数

「何年後に2倍になるか」を暗算でやるには、「72の法則」が役立ちました。ほとんどの銀行員は知っていると思いますが、「ほう〜、そうなのかね。では、3倍になるのは何年後かね？」と言われたら、「そこまでは……」と絶句してしまうでしょう。それではシャクですし、「72の法則」の1つ覚えでは面白くありません。

そこで、この節では「何年後に3倍になるのか」を簡単に計算できる数値と、その理由を調べてみましょう。

結論からいうと、年利率 r の複利計算で元金 A 円を預けた時、元利合計が元金の3倍になるのは何年後かを概算するには、次の計算をすればよいのです。

114 ÷ 利率 r（％）

利息は先ほどと同様、複利計算です。今度は「114」という数字を覚えておいてください。例えば、年利率5％（r = 0.05）の場合は 114 ÷ 5 = 22.8 より、「お客様の元金が3倍になるには22.8年かかります」と瞬時に答えられます。これは後で見るように、正確には22.5年ですが、近似値として十分に使えます。

このように 114 を年利率（％）で割れば元金が3倍になる年数の近似値を得られるというのが**「114の法則」**です。

では、なぜこのような計算ができるのでしょうか。前節と同様、常用対数 log の知識が必要なので飛ばしても結構ですが、できれば理由をいつでも説明できるようにしておきたいものです。

　さて、年利率 r の複利計算で元金 A 円を N 年間銀行に預けた時の元利合計は $A(1+r)^N$ となります。これが元金 A の 3 倍になるわけですから、次の等式が成立します。

$$3A = A(1+r)^N$$

この式には両辺に A がありますから、まず A を消去します。すると、N と r の次の関係式が得られます。

$$3 = (1+r)^N \quad \cdots\cdots ①$$

N について①の式を解くと、次のようになります。

$$N = \frac{\log 3}{\log(1+r)} \quad \cdots\cdots ②$$

　先ほどの 22.5 年（114÷5 であれば 22.8 年）は、②の r に 0.05 を代入して求めたものです。

　また、①を r について解くと、次のようになります。

$$r = 10^{\frac{\log 3}{N}} - 1 \quad \cdots\cdots ③$$

　これを用いると、「N 年で元金が 3 倍になる時の利率」がわかります。次の表はこの③を用いて作成したものです。

## N年で元金が3倍になる時の利率r

| N(年数) | r(利率%) | N×r | 114÷rによるNの概算値 |
|---|---|---|---|
| 1 | 200.0 | 200.0 | 0.6 |
| 2 | 73.21 | 146.4 | 1.6 |
| 3 | 44.22 | 132.7 | 2.6 |
| 4 | 31.61 | 126.4 | 3.6 |
| 5 | 24.57 | 122.9 | 4.6 |
| 6 | 20.09 | 120.6 | 5.7 |
| 7 | 16.99 | 119.0 | 6.7 |
| 8 | 14.72 | 117.8 | 7.7 |
| 9 | 12.98 | 116.8 | 8.8 |
| 10 | 11.61 | 116.1 | 9.8 |
| 11 | 10.50 | 115.5 | 10.9 |
| 12 | 9.59 | 115.0 | 11.9 |
| 13 | 8.82 | 114.6 | 12.9 |
| 14 | 8.16 | 114.3 | 14.0 |
| 15 | 7.60 | 114.0 | 15.0 |
| 16 | 7.11 | 113.7 | 16.0 |
| 17 | 6.68 | 113.5 | 17.1 |
| 18 | 6.29 | 113.3 | 18.1 |
| 19 | 5.95 | 113.1 | 19.2 |
| 20 | 5.65 | 112.9 | 20.2 |
| 21 | 5.37 | 112.8 | 21.2 |
| 22 | 5.12 | 112.7 | 22.3 |
| 23 | 4.89 | 112.5 | 23.3 |
| 24 | 4.68 | 112.4 | 24.3 |
| 25 | 4.49 | 112.3 | 25.4 |
| 26 | 4.32 | 112.2 | 26.4 |
| 27 | 4.15 | 112.1 | 27.5 |
| 28 | 4.00 | 112.0 | 28.5 |
| 29 | 3.86 | 112.0 | 29.5 |
| 30 | 3.73 | 111.9 | 30.6 |

　この表を見ると、元金が3倍になる年数Nと利率r（％）を掛けた値はほぼ114になっていることがわかります。これが「114の法則」の根拠です。ただし、利率が小さくなっている昨今の場合には、110あたりで代用しておいた方がいいかもしれません。

　表の両サイドを見比べると、この法則が概算として十分に使えそうなことがわかります。

**例題** ❶金利が0.5%の金融機関に350万円を預けました。元金が3倍になって戻ってくるのは、今から何年後でしょうか。
114÷0.5＝228年

❷今、ある発展途上国の数年間のGDPの平均成長率は11.4%です。このまま同じ成長率で推移していくとすると、何年後に3倍のGDPとなるでしょうか。
114÷11.4＝10年

❸今、ある商品の市場規模は30億円であり、5年後には90億円に達すると予測されています。成長率はどのくらいでしょうか。
114÷r＝5　より、r＝22.8（%）とわかります。

❶～❸の問題は、前節と同じ問題形式です。いずれもワンパターンですが、「114の法則」を使えるようになるためのトレーニングです。なお、元金の数字は3倍になる年数にはまったく無関係ですので、惑わされないようにしてください。

金利の低い現在の日本では、「72の法則」も「114の法則」もすっかり使いにくくなってしまいました。しかし、中国の発展に見られるように途上国の成長率から「現在の2倍（あるいは3倍）のGDPになるのは何年後か」を考えたり、急激に伸びてきた新商品の市場規模（数年後の予測）を見る際には、うまく使えるはずです。

適用する場所を考え、うまく活用することが何よりも大切です。

## 55 「72の法則」の2倍だから「144の法則」

> 144÷ 年利率（％） ≒ 元金４倍になる年数

元金が２倍、３倍になる年数の計算は金利にとどまらず、国や商品の成長率でも使えます。そこで最後に元金が４倍になる年数がわかる「144の法則」を紹介しておきます。

### Ｎ年で元金が４倍になる時の利率 r

| N(年数) | r(利率%) | N×r | 144÷rによるNの概算値 |
|---|---|---|---|
| 1 | 300.00 | 300.0 | 0.5 |
| 2 | 100.00 | 200.0 | 1.4 |
| 3 | 58.74 | 176.2 | 2.5 |
| 4 | 41.42 | 165.7 | 3.5 |
| 5 | 31.95 | 159.8 | 4.5 |
| 6 | 25.99 | 156.0 | 5.5 |
| 7 | 21.90 | 153.3 | 6.6 |
| 8 | 18.92 | 151.4 | 7.6 |
| 9 | 16.65 | 149.9 | 8.6 |
| 10 | 14.87 | 148.7 | 9.7 |
| 11 | 13.43 | 147.7 | 10.7 |
| 12 | 12.25 | 147.0 | 11.8 |
| 13 | 11.25 | 146.3 | 12.8 |
| 14 | 10.41 | 145.7 | 13.8 |
| 15 | 9.68 | 145.2 | 14.9 |
| 16 | 9.05 | 144.8 | 15.9 |
| 17 | 8.50 | 144.4 | 16.9 |
| 18 | 8.01 | 144.1 | 18.0 |
| 19 | 7.57 | 143.8 | 19.0 |
| 20 | 7.18 | 143.5 | 20.1 |
| 21 | 6.82 | 143.3 | 21.1 |
| 22 | 6.50 | 143.1 | 22.1 |
| 23 | 6.21 | 142.9 | 23.2 |
| 24 | 5.95 | 142.7 | 24.2 |
| 25 | 5.70 | 142.5 | 25.3 |
| 26 | 5.48 | 142.4 | 26.3 |
| 27 | 5.27 | 142.3 | 27.3 |
| 28 | 5.08 | 142.1 | 28.4 |
| 29 | 4.90 | 142.0 | 29.4 |
| 30 | 4.73 | 141.9 | 30.4 |

r に対して 144 の法則の N は 72 の法則の N の２倍になっている。これは N と r が次のように表わせることからわかる。

$$N = \frac{\log 4}{\log(1+r)}$$

$$= \frac{\log 2^2}{\log(1+r)}$$

$$= \frac{2\log 2}{\log(1+r)}$$

（注）72 の法則の時は

$$N = \frac{\log 2}{\log(1+r)}$$

## 56 新しい発見につながる「単位あたり」の考え方

> 80km／時間　130万円／坪

　データを見たら「単位あたりの数」に換算する発想は、事の本質を正しく理解する上で欠かせません。左下の表はアメリカ、中国、日本の年間石油消費量を示したものです。この表から、アメリカや中国は日本よりずっと多くの石油を消費していると考えるのは間違いではありません。しかし、それぞれの国の国民1人あたりの消費量に換算してみたらどうでしょうか（右下表）。

| アメリカ | 842.9 |
|---|---|
| 中国 | 404.6 |
| 日本 | 197.6 |

（2009年、単位は百万トン）

| アメリカ | 2.7トン/人 |
|---|---|
| 中国 | 0.3トン/人 |
| 日本 | 1.6トン/人 |

　日本人は中国人よりも何倍もの石油を使っていることがわかります。また、我々1人ひとりは1年間に1.6トンもの石油を使って生きているということにも、あらためて気づきます。その結果、環境問題に考えが及ぶ可能性も生じてきます。

　このように、単位あたりに換算する考え方は至るところで使われています。クルマの速さを示す時速（km／時間）、土地の売買の時の坪単価（万円／坪）なども、まさしくその例です。そうすることで色々な比較が瞬時にでき、本質が見えてくるのです。

## 57 「ガウスの天才的計算」の裏に速算術

$$1+2+3+\cdots+99+100 \Rightarrow \frac{(1+100)\times 100}{2}$$

18世紀のドイツにガウスという数学者がいました。彼の数学の研究は広範囲に及んでいて、近代数学のほとんどの分野に影響を与えたと考えられています。18〜19世紀最大の数学者、科学者です。

彼は小学生の時に「1 + 2 + 3 + ‥‥ + 99 + 100」という課題に対して瞬時に5050と答え、先生をビックリさせたといいます。アタマから順番に暗算したわけではなく、「1 + 100 = 101」、「2 + 99 = 101」……「50 + 51 = 101」の101になる組合せが50個あることに気づき、101 × 50 = 5050と計算したと言われています。

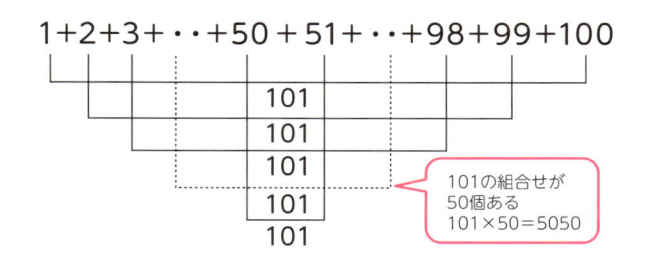

```
1+2+3+‥+50 + 51+‥+98+99+100
              101
              101
              101
              101
              101
```
101の組合せが50個ある
101×50＝5050

また、別の説によれば、足す順序を次の図のように逆にしたものを足し合わせた……とも言われています。

$$
\begin{array}{r}
1 + 2 + 3 + \cdot\cdot + 50 + 51 + \cdot\cdot + 98 + 99 + 100 \\
100 + 99 + 98 + \cdot\cdot + 51 + 50 + \cdot\cdot + 3 + 2 + 1 \\
\hline
101 + 101 + 101 + \cdot\cdot + 101 + 101 + \cdot\cdot + 101 + 101 + 101
\end{array}
$$

つまり、101が100個あり、求めたい答えはその半分だから1 + 2 + 3 + ‥‥ + 99 + 100 = 101 × 100 ÷ 2 = 5050というわけです。

いずれにせよ、直面した問題に最適な工夫をして答えを出す速算の精神が感じられます。特に、「逆に足す」という発想は同じ量だけ増えていく数を次々に足す場合の速算に使えます。

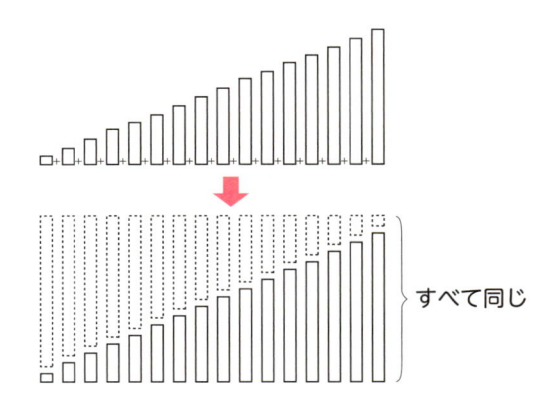

すべて同じ

なお、この考え方は台形の面積を求める場合に通じるものがあります。

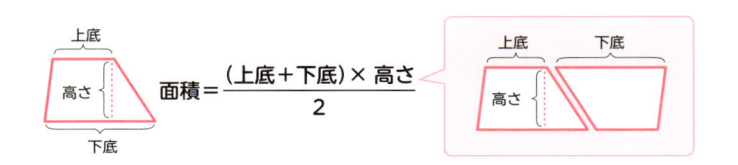

$$面積 = \frac{(上底 + 下底) \times 高さ}{2}$$

## 58 ズラして差をとる速算術

$$1+2+2^2+\cdots+2^{99}+2^{100} \Rightarrow 2^{101}-1$$

ある数に一定の数をドンドン掛けたものを次々に足していく計算に遭遇することがあります。例えば、銀行にお金を預けたり、借りたりする時の複利計算がそうです。下記は、毎年のはじめにA円ずつを年利率rで銀行に預けた時のn年後の元利合計Sの計算式です。

$S = A(1+r) + A(1+r)^2 + A(1+r)^3 + \cdots + A(1+r)^n$

これは、一定の数1+rをドンドン掛けたものを次々に足した例です。この種の計算はまともに1つずつ項を足していったら大変です。タイトルで紹介した「ズラして差をとる」テクニックを使ってみましょう。具体例として次の計算をしてみます。

$S = 1 + 2 + 2^2 + \cdots + 2^{99} + 2^{100}$

この両辺に2をかけると$2^□$の項が1つずつズレます。

$S = 1 + 2 + 2^2 + \cdots + 2^{99} + 2^{100}$ …… ①
$2S = 2 + 2^2 + 2^3 + \cdots + 2^{100} + 2^{101}$ …… ②

その後、②から①を辺々引くと次の式になります。

$S = 2^{101} - 1$ ...... ③

以上の考え方を図と式で下記にまとめておきます。

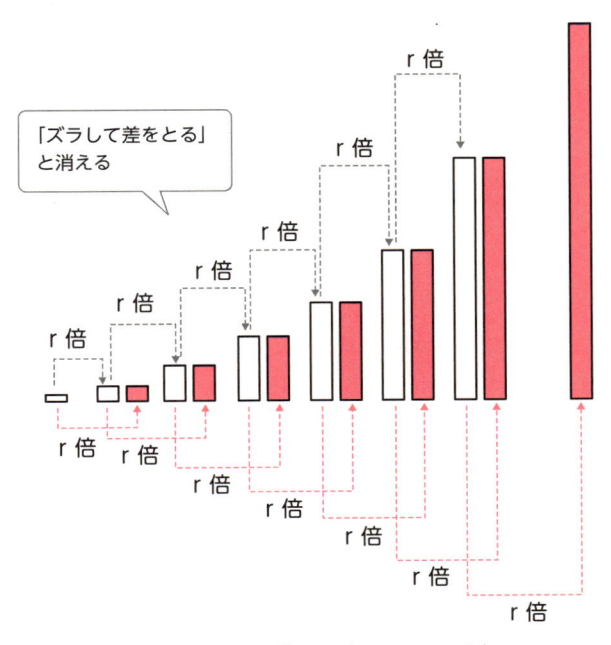

「ズラして差をとる」と消える

r 倍

$$S = a + ar + ar^2 + ar^3 + \cdots + ar^{n-1}$$
$$- \quad rS = ar + ar^2 + ar^3 + ar^4 + \cdots + ar^n$$
$$(1-r)S = a(1-r^n)$$

ここで扱っている内容は、等比数列の和というものです。原理だけ覚えていれば十分でしょう。

## 59 10本指で「2進数→10進数」をアナログ変換！

$$1101_{(2)} \Rightarrow 13_{(10)}$$

(2)は2進数、(10)は10進数

**パターン**

## 10本の指を使って計算する

　私たちが使っているのは10進数です。普段は気にしませんが、例えば256という数は、$10^2$（＝100）が2個、$10^1$（＝10）が5個、$10^0$（＝1）が6個の量であることを表わしています。

$256_{(10)}$ ＝ $2×10^2+5×10^1+6×10^0$

　$256_{(10)}$ の $_{(10)}$ は10進数の意味とします（同じく $_{(2)}$ は2進数）。では、2進数表示で「1101」はどうなるのでしょうか。上記の10進数表示と対比させると、2進数表示の「1101」は次のようになります。

$1101_{(2)}$ ＝ $1×2^3+1×2^2+0×2^1+1×2^0$

　$2^3$（＝8）が1個、$2^2$（＝4）が1個、$2^1$（＝2）が0個、$2^0$

(= 1) が 1 個の量であることを表わしています。つまり 10 進数にすれば、8 + 4 + 0 + 1 = 13 となります。

なお、10 進数表示の場合、各ケタを表わす数値は 0 ～ 9 までの 10 の数字です。2 進数表示の場合、各ケタを表わす数値は 0 か 1 の 2 つの数字です。

以上のことを踏まえて、ここでは 10 ケタ以下の 2 進数、つまり 0000000000 ～ 1111111111 を 10 進数に簡単に変換する方法を紹介しましょう。

まず、右手の親指、人指し指、中指、薬指、小指に、この順で 1、2、4、8、16 と書きます。それから、左手の小指、薬指、中指、人指し指、親指に、この順で 32、64、128、256、512 と書きます。準備はこれだけです。

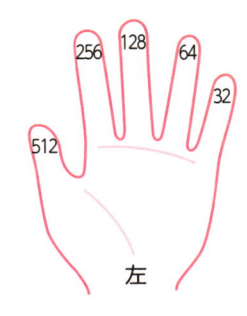

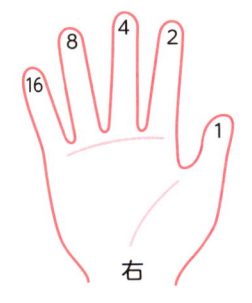

それでは、2 進数の 1101 が 10 進数で何に相当するかをこの指を使って計算しましょう。4 ケタの 2 進数なので右手だけ使います。1101 は 01101 と考え、この 5 ケタの数に対し右図のように右手の指を対応させます。

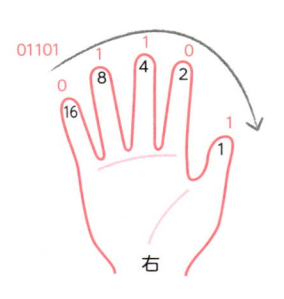

ここで、0が対応する指は内側に折り、1が対応する指はそのまま伸ばしておきます。

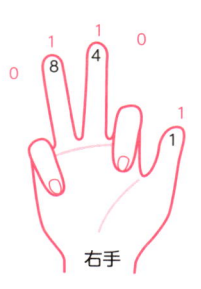

　この時、伸ばした指に書いてある数をすべて足した値が2進数1101を10進数で表わした数になります。つまり8＋4＋1＝13です。

**例題** ❶ 2進数の11010を10進数で表わしてみましょう。

　11010は5ケタの2進数だから、右手で表現すると次のようになります。したがって、10進数では次のようになります。

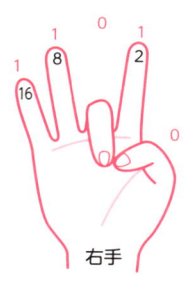

　16＋8＋0＋2＋0＝26

❷ 2進数1101011101を10進数で表わしてみましょう。

　1101011101を右手と左手に対応させると次のようになります。

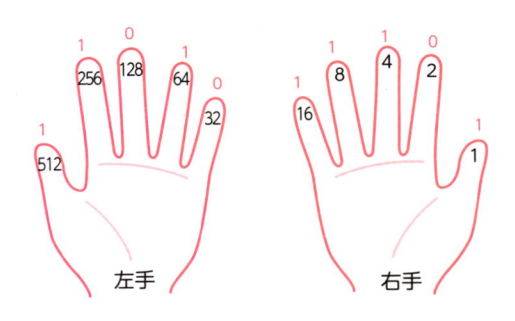

ここで、0に対応する指を内側に折り曲げて1に対応する指に書かれた数値をすべて足すと、次のようになります。

512＋256＋64＋16＋8＋4＋1＝861

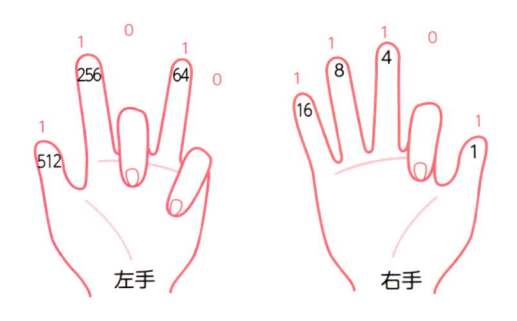

## 60 「10進数→2進数」は2で割っていくだけ？

```
11₍₁₀₎ ⇨ 1011₍₂₎      2) 11
                      2)  5 ・・・1    ↑ 1011
                      2)  2 ・・・1
                          1 ・・・0
```

**パターン**

## 10進数を2でドンドン割っていく

　例として10進数の11を2進数に直す方法を紹介しましょう。他の3進数や5進数、16進数などの場合についても同様にして直すことができます。

　まず、11を2で割った商5と余り1を次のように書きます。

```
2) 11
    5 ・・・1
```

求めた商5を2で割った商2と余り1を次のように書きます。

```
2) 11
2)  5 ・・・1
    2 ・・・1
```

この割り算を商が1以下（2進数に直すから2−1＝1）になるまで繰り返します。

```
2) 11
2)  5 ・・・1
2)  2 ・・・1
    1 ・・・0
```

最後に、下図の矢印の順序で数値を書き出した1011が、10進数の11を2進数表示したものです。

```
2) 11
2)  5 ・・・1
2)  2 ・・・1
    1 ・・・0
```

**例題** ❶ 45₍₁₀₎ → 101101₍₂₎　❷ 30707₍₁₀₎ → 1440312₍₅₎

```
2)  45
2)  22 ・・・1
2)  11 ・・・0
2)   5 ・・・1
2)   2 ・・・1
     1 ・・・0
```

```
5) 30707
5)  6141 ・・・2
5)  1228 ・・・1
5)   245 ・・・3
5)    49 ・・・0
5)     9 ・・・4
       1 ・・・4
```

## 61 バスツアーで同じ誕生日の人がいる確率

> バスツアーで30人同乗
> 同じ誕生日の人がいる確率は0.7

　10人の人が集まった時、その中にAさんと同じ誕生日の人がいる確率はかなり小さいものです。なぜなら、365通りもの誕生日があるからです。

　しかし、「集団の中に少なくとも1組同じ誕生日の人がいる確率」といわれると、途端に事情が変わってきます。それは、「Aさんと同じ誕生日の人がいる」のではなく「誰でもいいから同じ誕生日の人が少なくとも1組いる」ということだからです。

　今10人いて、「誰も同じ誕生日の人がいない」「全部、誕生日が違う」という確率は次のようになります。

$$\frac{365}{365} \times \frac{364}{365} \times \frac{363}{365} \times \frac{362}{365} \times \cdots\cdots \times \frac{356}{365} = 0.8830\cdots\cdots$$

　10人とも誕生日が異なる確率は約0.88もあるわけです。ですから、10人の中に「誰か1組でも同じ誕生日の人がいる」という確率は、1から上記の式を引けばいいので、

$$1 - \frac{365}{365} \times \frac{364}{365} \times \frac{363}{365} \times \frac{362}{365} \times \cdots\cdots \times \frac{356}{365} = 0.116948178$$

　約0.12ですね。これが10人の時の1組でも誕生日が同じとい

う人がいる確率です。やはり少なかったことがわかります。ですが、これが20人、30人となるとどうでしょうか。急激に同じ誕生日の人がいる確率が上がっていくのです。

それをまとめたものが次の表です。これを見ると、30人の場合には確率約0.7で同じ誕生日の人がいることになります。40人もいれば確率は約0.89ですから、かなり高い可能性で同じ誕生日の人がいることになります。

あなたがツアコンダクターだったり、社内旅行の担当者だったりした場合には、この表をアタマに入れておけば、23人もいれば「おやおや、同じ誕生日の人がいましたよ」と場を盛り上げることができます。それも、1つの速算能力かもしれません。

| 人数 | 同じ誕生日の確率 | 人数 | 同じ誕生日の確率 |
| --- | --- | --- | --- |
| 1 | 0.000000000 | 26 | 0.598240820 |
| 2 | 0.002739726 | 27 | 0.626859282 |
| 3 | 0.008204166 | 28 | 0.654461472 |
| 4 | 0.016355912 | 29 | 0.680968537 |
| 5 | 0.027135574 | 30 | 0.706316243 |
| 6 | 0.040462484 | 31 | 0.730454634 |
| 7 | 0.056235703 | 32 | 0.753347528 |
| 8 | 0.074335292 | 33 | 0.774971854 |
| 9 | 0.094623834 | 34 | 0.795316865 |
| 10 | 0.116948178 | 35 | 0.814383239 |
| 11 | 0.141141378 | 36 | 0.832182106 |
| 12 | 0.167024789 | 37 | 0.848734008 |
| 13 | 0.194410275 | 38 | 0.864067821 |
| 14 | 0.223102512 | 39 | 0.878219664 |
| 15 | 0.252901320 | 40 | 0.891231810 |
| 16 | 0.283604005 | 41 | 0.903151611 |
| 17 | 0.315007665 | 42 | 0.914030472 |
| 18 | 0.346911418 | 43 | 0.923922856 |
| 19 | 0.379118526 | 44 | 0.932885369 |
| 20 | 0.411438384 | 45 | 0.940975899 |
| 21 | 0.443688335 | 46 | 0.948252843 |
| 22 | 0.475695308 | 47 | 0.954774403 |
| 23 | 0.507297234 | 48 | 0.960597973 |
| 24 | 0.538344258 | 49 | 0.965779609 |
| 25 | 0.568699704 | 50 | 0.970373580 |

## 62 「元号→西暦」のスピード変換法

明治　　32年＋67＝1899
大正　　 7年＋11＝1918
昭和　　48年＋25＝1973
平成　　 7年＋88＝1995

**パターン**

**明治67、大正11、昭和25、平成88**

　日本の場合、昭和や明治などの元号と西暦はかなり入り混じって使われています。私たちのアタマの中では、しょっちゅう「元号→西暦」に変える作業が起きています。今は昭和と平成が中心でしょうが、市役所の人なら明治と大正も扱う必要があります。

　そんな場合には、それぞれの元号に応じて定数を加えればよいのです。つまり、上記パターンの定数を覚えておけば、一瞬にして変換できます。

　特に、昭和と平成は使われることが多いので、例えば、「昭和ニゴー」「平成のハハ」とでも覚えておくとよいでしょう。

　なお、明治の場合は西暦の上2ケタが「18」であること、それにもし和が100以上になったら1800とその数との和が西暦にな

ることに注意する必要があります。平成の場合も同様です。

　　西暦＝明治○○年+67
　　西暦＝大正○○年+11
　　西暦＝昭和○○年+25
　　西暦＝平成○○年+88

　この４通りさえ覚えておけば、元号から西暦のスピード変換が可能です。明治43年であれば「43+67 = 1800 + 110 = 1910」で西暦1910年となり、平成21年であれば「21 + 88 = 1900 + 109 = 2009」で西暦2009年となります。
「元号→西暦」は練習することで自信を付けられますし、日常生活でこれほど毎日使う計算も他にないかもしれません。ぜひ、身に付けておいてください。

**例題** 次の元号を西暦に変えてください。

❶明治18年
　18+67＝85より、西暦1800+85＝1885年

❷大正13年
　13+11＝24より、西暦1900+24＝1924年

❸昭和25年
　25+25＝50より、西暦1900+50＝1950年

❹平成15年
　15+88＝103より、西暦1900+103＝2003年

## 63 「西暦→元号」のスピード変換法

2003年 → 2003−88=19**15** より 平成 **15**年

1970年 → 1970−25=19**45** より 昭和 **45**年

1925年 → 1925−11=19**14** より 大正 **14**年

1875年 → 1875−67=18**08** より 明治 **8**年

**パターン**

**明治 67、大正 11、昭和 25、平成 88**

(19**11**+1) 未満なら下2ケタから 67 を引く → 明治下2ケタ

(19**11**+1) 以上なら下2ケタから 11 を引く → 大正下2ケタ

(19**25**+1) 以上なら下2ケタから 25 を引く → 昭和下2ケタ

(19**88**+1) 以上なら 88 を引く → 平成下2ケタ

　西暦を元号に変えるには、西暦によって場合分けする必要があるのでちょっと厄介です。しかし、元号から西暦を求める処理の逆でもあるので、前節で覚えたことを使えばそんなに難しくはないでしょう。

　また、場合分けについてもパターンで示したように、再度「明治 67、大正 11、昭和 25、平成 88」が使えるのでスムーズに分けられます。次ページに、明治～平成までのリストを作成しておきました。

　「元号→西暦」あるいは「西暦→元号」がスラスラとできるように、

この速算を身に付けてください。

## 2014年　西暦・元号・年齢早見表

| | | | | | | | | | |
|---|---|---|---|---|---|---|---|---|---|
| 2014<br>平26<br>0 | 2013<br>平25<br>1 | 2012<br>平24<br>2 | 2011<br>平23<br>3 | 2010<br>平22<br>4 | 2009<br>平21<br>5 | 2008<br>平20<br>6 | 2007<br>平19<br>7 | 2006<br>平18<br>8 | 2005<br>平17<br>9 |
| 2004<br>平16<br>10 | 2003<br>平15<br>11 | 2002<br>平14<br>12 | 2001<br>平13<br>13 | 2000<br>平12<br>14 | 1999<br>平11<br>15 | 1998<br>平10<br>16 | 1997<br>平9<br>17 | 1996<br>平8<br>18 | 1995<br>平7<br>19 |
| 1994<br>平6<br>20 | 1993<br>平5<br>21 | 1992<br>平4<br>22 | 1991<br>平3<br>23 | 1990<br>平2<br>24 | 1989<br>平1<br>25 | 1988<br>昭63<br>26 | 1987<br>昭62<br>27 | 1986<br>昭61<br>28 | 1985<br>昭60<br>29 |
| 1984<br>昭59<br>30 | 1983<br>昭58<br>31 | 1982<br>昭57<br>32 | 1981<br>昭56<br>33 | 1980<br>昭55<br>34 | 1979<br>昭54<br>35 | 1978<br>昭53<br>36 | 1977<br>昭52<br>37 | 1976<br>昭51<br>38 | 1975<br>昭50<br>39 |
| 1974<br>昭49<br>40 | 1973<br>昭48<br>41 | 1972<br>昭47<br>42 | 1971<br>昭46<br>43 | 1970<br>昭45<br>44 | 1969<br>昭44<br>45 | 1968<br>昭43<br>46 | 1967<br>昭42<br>47 | 1966<br>昭41<br>48 | 1965<br>昭40<br>49 |
| 1964<br>昭39<br>50 | 1963<br>昭38<br>51 | 1962<br>昭37<br>52 | 1961<br>昭36<br>53 | 1960<br>昭35<br>54 | 1959<br>昭34<br>55 | 1958<br>昭33<br>56 | 1957<br>昭32<br>57 | 1956<br>昭31<br>58 | 1955<br>昭30<br>59 |
| 1954<br>昭29<br>60 | 1953<br>昭28<br>61 | 1952<br>昭27<br>62 | 1951<br>昭26<br>63 | 1950<br>昭25<br>64 | 1949<br>昭24<br>65 | 1948<br>昭23<br>66 | 1947<br>昭22<br>67 | 1946<br>昭21<br>68 | 1945<br>昭20<br>69 |
| 1944<br>昭19<br>70 | 1943<br>昭18<br>71 | 1942<br>昭17<br>72 | 1941<br>昭16<br>73 | 1940<br>昭15<br>74 | 1939<br>昭14<br>75 | 1938<br>昭13<br>76 | 1937<br>昭12<br>77 | 1936<br>昭11<br>78 | 1935<br>昭10<br>79 |
| 1934<br>昭9<br>80 | 1933<br>昭8<br>81 | 1932<br>昭7<br>82 | 1931<br>昭6<br>83 | 1930<br>昭5<br>84 | 1929<br>昭4<br>85 | 1928<br>昭3<br>86 | 1927<br>昭2<br>87 | 1926<br>昭1<br>88 | 1925<br>大14<br>89 |
| 1924<br>大13<br>90 | 1923<br>大12<br>91 | 1922<br>大11<br>92 | 1921<br>大10<br>93 | 1920<br>大9<br>94 | 1919<br>大8<br>95 | 1918<br>大7<br>96 | 1917<br>大6<br>97 | 1916<br>大5<br>98 | 1915<br>大4<br>99 |
| 1914<br>大3<br>100 | 1913<br>大2<br>101 | 1912<br>大1<br>102 | 1911<br>明44<br>103 | 1910<br>明43<br>104 | 1909<br>明42<br>105 | 1908<br>明41<br>106 | 1907<br>明40<br>107 | 1906<br>明39<br>108 | 1905<br>明38<br>109 |
| 1904<br>明36<br>110 | 1903<br>明36<br>111 | 1902<br>明35<br>112 | 1901<br>明34<br>113 | 1900<br>明33<br>114 | 1899<br>明32<br>115 | 1898<br>明31<br>116 | 1897<br>明30<br>117 | 1896<br>明29<br>118 | 1895<br>明28<br>119 |
| 1894<br>明27<br>120 | 1893<br>明26<br>121 | 1892<br>明25<br>122 | 1891<br>明24<br>123 | 1890<br>明23<br>124 | 1889<br>明22<br>125 | 1888<br>明21<br>126 | 1887<br>明20<br>127 | 1886<br>明19<br>128 | 1885<br>明18<br>129 |

※昭和64年は平成1年、大正15年は昭和1年、明治45年は大正1年です。

## 64 日本人なら知っておきたい「干支の換算」

花子は1950年生まれ、一郎は2001年生まれ

2001−1950（＝51）は 12で割れない。

よって、違う十二支

**パターン**

m − n が 12 で割れる

→ m と n は同じ十二支

　日本には元号以外にも、独特の干支があります。日本では昔から大事にされ、年賀状を書く時には「今年は午年だ」などと話題になります。

　干支は十干と十二支の2つで構成され、2014年は十二支は午で十干は甲となります。このように、それぞれの年には下記の十二支と十干の2つが割り当てられています。

|  | 0 | 1 | 2 | 3 | 4 | 5 | 6 | 7 | 8 | 9 | 10 | 11 |
|---|---|---|---|---|---|---|---|---|---|---|---|---|
| 十二支 | 子 | 丑 | 寅 | 卯 | 辰 | 巳 | 午 | 未 | 申 | 酉 | 戌 | 亥 |
| 読み | ね | うし | とら | う | たつ | み | うま | ひつじ | さる | とり | いぬ | い |

|  | 0 | 1 | 2 | 3 | 4 | 5 | 6 | 7 | 8 | 9 |
|---|---|---|---|---|---|---|---|---|---|---|
| 十干 | 甲 | 乙 | 丙 | 丁 | 戊 | 己 | 庚 | 辛 | 壬 | 癸 |
| 音読み | こう | おつ | へい | てい | ぼ | き | こう | しん | じん | き |
| 訓読み | きのえ | きのと | ひのえ | ひのと | つちのえ | つちのと | かのえ | かのと | みずのえ | みずのと |

干支のスタートは推古天皇の12年、西暦604年といわれています。この年にはじめて干支を甲子と定めました。つまり、西暦604年の十二支は子、十干は甲となります。

　西暦604年に干支がスタートしたわけですが、十二支の周期は12年ごと、十干の周期は10年ごとです。このため再度、干支が甲子になるのは12と10の最小公倍数である60年かかることになります。これが「還暦」のいわれです。

　したがって、西暦m年と西暦n年について、m－nが12で割れればmとnの干支は同じといえます。これは「mを12で割った余りとnを12で割った余りが等しければmとnの十二支は同じ」といい換えることができます。つまり、mとnは12で割って余りが等しければ同類だと考えるのです。同様に、m－nが10で割れればmとnの十干は同じ、といえます。

　干支は次の順番で速算できます。
① 「西暦－604」を計算する。
② ①を12、10で割って余りを求める。
③ 十二支、十干の表から干支を求める。

　前ページの十二支、十干の表をアタマに入れておき、①②の計算をして干支をズバリ示せれば、驚かれることでしょう。

**例題** 西暦1995年の干支を求めてみよう。

　　1995－604＝1391、1391÷12＝115　余り11
　　よって　1995年の十二支は亥

　　1995－604＝1391、1391÷10＝139　余り1
　　よって、1995年の十干は乙

## コラム 72という数字の不思議

72は色々な世界で見かける不思議な数です。

- 2ケタの自然数の中で最も多くの約数を持つ。

1、2、3、4、6、8、9、12、18、24、36、72 ← 12個の約数（60、84、90、96と並んで最多）

- 6つの連続する「素数の和」で表わせる。

72 = 5 + 7 + 11 + 13 + 17 + 19

- 最小のアキレス数である。

アキレス数とは素因数分解（素数の積で表現する）した時に指数部分が2以上で、それらが「互いに素」（共通の約数を持たない）となる数です。

$72 = 2^3 3^2$ …… 指数の2と3は互いに素

（72の次のアキレス数は $108 = 2^2 3^3$）

- 九九で2通り（8×9、9×8）の表わし方のある整数のうち、72は最大の数。
- 8番目の矩形数である。手前は56、次は90である。

矩形数とは、連続する2つの正の整数の積で表わされる数です。n番目に小さな矩形数はn（n + 1）です。

- 正五角形の中心角である。
- 72の法則（154ページ参照）の「72」である。
- 大人の心拍数は72回/分である。

1つの数字を見ていくと、様々な面や性格が見えてきます。それを調べるうちに数にも強くなり、関心を持つようになるかもしれません。

長い行列の後ろに着いたけれど、あとどのくらいで自分の順番が来るのか、コインを使って瞬時に自治会役員を決める方法など、"計算の知恵"を紹介。尊敬を勝ち取れること間違いなしです！

PART_7

## イザという時、あなたを救うベンリ計算術

## 65 √6561 を手計算でやってのける！

```
                8 1
        8   √ 65|61
        8       64
      161      161
               161
                 0
```

上記の事例は、6561というかなり大きな数の平方根（ルートの数）です。普通、私たちが平方根というと、次のような数を思い浮かべるのではないでしょうか。

$$\sqrt{4}=2 \quad \sqrt{9}=3 \quad \sqrt{16}=4 \quad \sqrt{25}=5 \quad \sqrt{81}=9$$

では、「$\sqrt{13}$、$\sqrt{31}$、$\sqrt{47}$ はいくつか？」と聞かれたらどうでしょう。そもそもそんな計算はあり得ないと思うかもしれません。

けれども、「81m² の正方形の一辺は？」という時は $\sqrt{81}=9$ という計算が役立つわけです。同様に、「47m² の正方形の土地の一辺は？」という時には $\sqrt{47}=?$ を解く必要があります。

このように平方根（2乗したらxになる正の数を $\sqrt{x}$ と表わす）を求めることを「開く」といい、その方法を **「開平法」** といいます。

以下に、冒頭の例 $\sqrt{6561}$ に開平法を用いた手順を解説します。これができれば $\sqrt{81607.3489}$ のように大きな数の平方根でも（小数点がついていても）、同じ方法で解くことができます。なぜなら、どんな大きな数の平方根であっても、「2ケタずつの分解」で

処理をしていくことができるからです。

(ⅰ) $\sqrt{6561}$ の小数点の位置から上のケタを「2ケタ」ずつに区切ります。区切り線は必ず入れなければいけないというわけではありませんが、入れることで見やすくなり、ミスも減ります。

$$\sqrt{65|61}$$

　　小数点の位置
　　から2ケタずつに区切る

(ⅱ) 65 だけを見ます。ここで何かの数を 2 乗して 65 になる数を考えます。といっても、ピッタリになることはまずないので 2 乗して 65 に近くなる数(ただし 65 を越えない最大数)を考えると、$8^2=64$ が近いですね。この 8 を①②の 2 カ所に書き込み、8 を 2 乗した値 64 を③に書きます。

　　　　　　　　　　②8
　　　①8　$\sqrt{65|61}$
　　　　　　　　　　③64

(ⅲ) 64 の下に横線を 1 本引きます。もとの数 65 から 64 を引いた値 1 を線の下に書き、その隣に 65 の隣の下 2 ケタ部分 61 をおろします (④)。6561 の場合は、これでもとの数はすべてなくなりました。

　　　　　　　　　　②8
　　　①8　$\sqrt{65|61}$
　　　　　　　　　　③64
　　　　　　　　　――――――
　　　　　　　　　　④161

（ⅳ）次は 8（①）の下に同じく 8（⑤）を書き、①と⑤の合計である 16（⑥）を線の下に書きます。

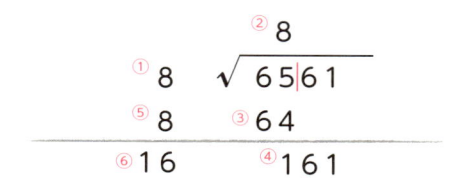

```
           ②8
    ① 8  √ 65|61
    ⑤ 8    ③64
   ─────────────
   ⑥16      ④161
```

（ⅴ）16（⑥）の隣と 8（②）の隣に□を書きます（説明上、ここでは□を書きましたが実際には不要です）。こうして、「16□×□ = 161」となるような□、あるいは 161 に近くなるような□の値を求めます。ここではちょうど 161 × 1 = 161 となり、□ = 1 とわかります。□の中に 1（⑦）を入れ、161（④）の下に 161（⑧）を書きます。

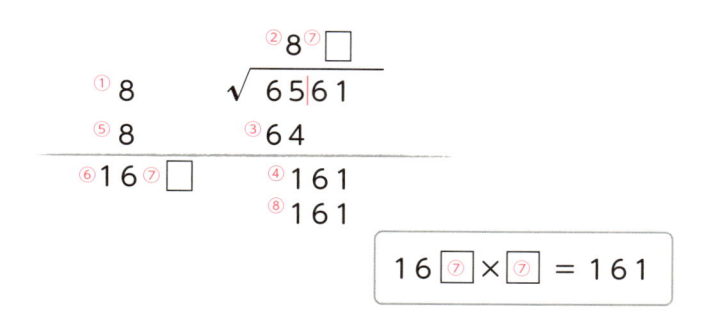

```
           ②8 ⑦□
    ① 8  √ 65|61
    ⑤ 8    ③64
   ─────────────
   ⑥16 ⑦□   ④161
              ⑧161
```

16 ⑦ × ⑦ = 161

（ⅵ）161（⑧）の下に横線を一本引きます。161（④）から 161（⑧）を引いた値 0（⑨）を線の下に書き、終わりです。

186

```
        ②8⑦1
   ①8  √6561
   ⑤8    ③64
  ⑥16⑦1   ④161
          ⑧161
             ⑨0
```

こうして、$\sqrt{6561} = 81$ とわかりました。この方法で次の例題も解いてみましょう。

**例題1** ❶ $\sqrt{225}$

2ケタで区切ると最初の数は 2 になります。何かを 2 乗して 2 に近くなるのは $1^2 = 1$ だけですね。

```
        ①5
   ①   √225
   1     ①
   25    125      ← 1×1=1（①×②）
         125      ← 25×5=125（③×④）
          0
```

答えは $\sqrt{225} = 15$ です。

❷ $\sqrt{1444}$

2ケタに区切ると最初の数は 14 なので、$3^2 = 9$ が入ります。

4²では16となり、もとの14より大きくなってしまうので違います。

```
          ③ ⑧④        ← 答え＝38
      √ 1 4 4 4
  ③①
   3        ⑨          ← 3×3=9（①×②）
  ─────────────
  ⑥⑧③    5 4 4        ← 68×8=544（③×④）
           5 4 4
         ─────────
              0
```

答えは $\sqrt{1444} = 38$ です。

❸ $\sqrt{5329}$

2ケタに区切ると53。同様に7²＜53なので7が入ります。

```
          ⑦②③④        ← 答え＝73
      √ 5 3 2 9
  ⑦①
   7        ㊾          ← 7×7=49（①×②）
  ─────────────
  ①④③③    4 2 9        ← 143×3=429（③×④）
           4 2 9
         ─────────
              0
```

答えは $\sqrt{5329} = 73$ です。

最後に $\sqrt{3}$ という平方根に挑戦してみましょう。

**例題2** 3の平方根を開平法で求めてみましょう。

```
                1. 7 3 2 0 5
        √ 3.00 00 00 00
   1         1
   1
   27        200
    7        189
   343      1100
     3      1029
   3462     7100
      2     6924
   34640   17600
       0       0
  346405        1760000
                1732025
```

> 中学の頃、無理数を習って、
> $\sqrt{3} = 1.7320508$ を
> 「人並みにおごれや」と覚えた
> 記憶があるかもしれません。
> 今その $\sqrt{3}$ を 1.73205 まで
> 手計算で算出したのです。

## コラム 開平法は「1番絞り」の原理だった！

ここで紹介した開平法の原理は次の展開公式①によります。

$(a+b+c+d+\cdots)^2$
$=a^2+b(2a+b)+c\{2(a+b)+c\}+d\{2(a+b+c)+d\}+\cdots$
$\cdots$ ①

この展開式の成立理由は、一辺の長さが $a+b+c+d+\cdots$ である下図の正方形の面積 $(a+b+c+d+\cdots)^2$ が一辺 $a$ の正方形の面積 $S_1$ と鉤形の面積 $S_2$、$S_3$、$S_4 \cdots$ の和に等しいことからわかります。

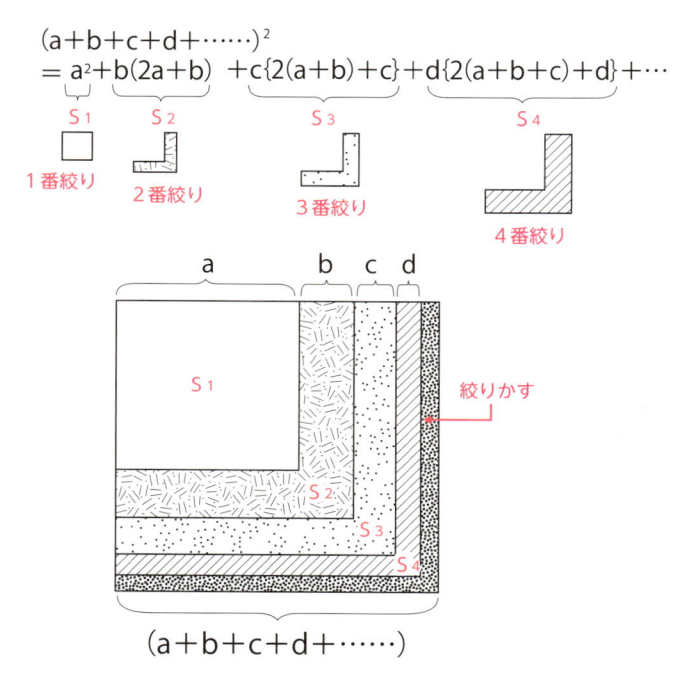

$(a+b+c+d+\cdots)^2$
$= \underbrace{a^2}_{S_1} + \underbrace{b(2a+b)}_{S_2} + \underbrace{c\{2(a+b)+c\}}_{S_3} + \underbrace{d\{2(a+b+c)+d\}}_{S_4} + \cdots$

1番絞り　2番絞り　3番絞り　4番絞り

前節で掲載した2つの例をa、b、c、dを対応させて解説すると、次のようになります。

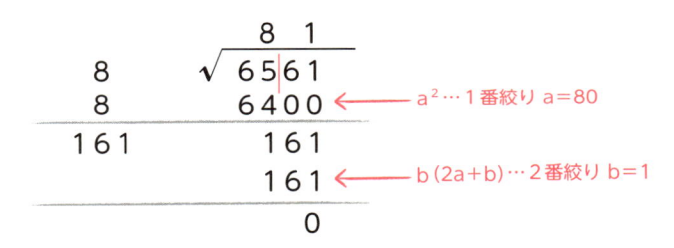

```
              8 1
         √ 65 61
   8       64 00        ← a²…1番絞り a=80
   8
 161         161
             161        ← b(2a+b)…2番絞り b=1
               0
```

下記は184ページの解法のしくみを解説してみました。小数点は通常は不要ですが、理解の助けとして付けてあります。

```
                1. 7 3 2 0 5
           √ 3.00 00 00 00
    1         1                    ← a²              a=1
    1
   27         2.00                                   b=0.7
    7         1.89                 ← b(2a+b)
                                                     c=0.03
  343         0.1100
    3         0.1029               ← c{2(a+b)+c}
                                                     d=0.002
 3462         0.007100
    2         0.006924             ← d{2(a+b+c)+d}
34640             17600
    0                 0
346405           1760000
                 1732025
```

## 66 平均値・中央値から分布の特徴を素早く知る

> グラフの形を見て「代表値」を見抜く

　人の身長や体重、テストの成績などのデータは、ほぼ左右対称な山型の分布になります。このような分布では、平均値（ミーン）と中央値（メジアン）と最頻値（モード）は、ほぼ一致しています。

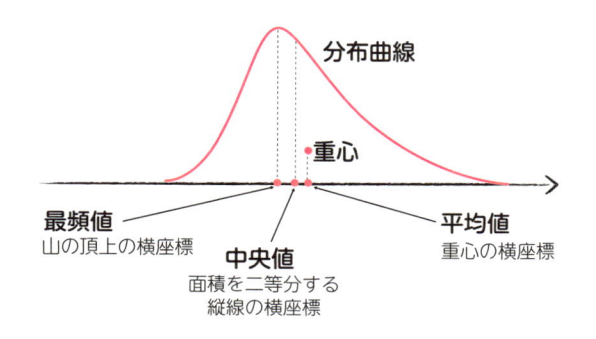

**分布曲線**
**重心**
**最頻値**
山の頂上の横座標
**中央値**
面積を二等分する
縦線の横座標
**平均値**
重心の横座標

　それでは、これら3つの値がかなり違っていたらどうでしょうか。例えば、平均値が中央値よりもずっと大きな場合です。この時、分布は左右対称な山型の分布とはいえなくなります。なぜならデータの中の特別大きな数値が平均値を引っ張っているからです。
　次ページの図は総務省統計局が発表した2012年度（平成24年度）の2人以上の勤労世帯の平均貯蓄高の分布グラフです。

## 貯蓄現在高階級別世帯分布(2人以上の世帯)

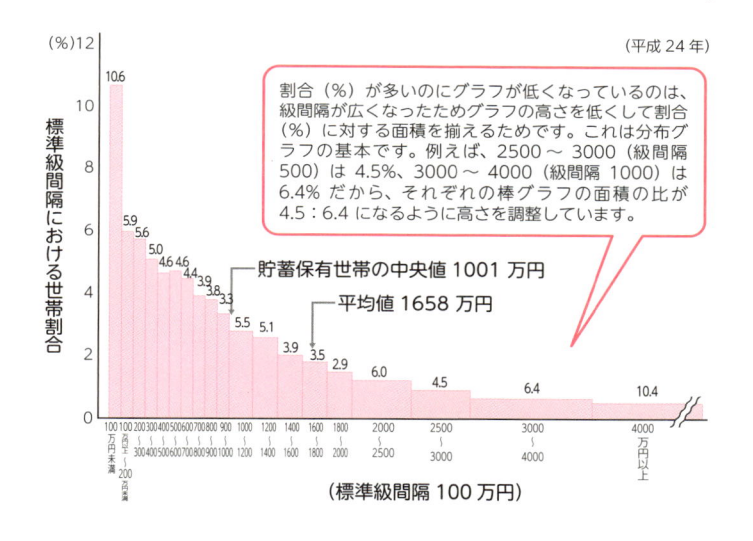

(平成24年)

> 割合(%)が多いのにグラフが低くなっているのは、級間隔が広くなったためグラフの高さを低くして割合(%)に対する面積を揃えるためです。これは分布グラフの基本です。例えば、2500～3000(級間隔500)は4.5%、3000～4000(級間隔1000)は6.4%だから、それぞれの棒グラフの面積の比が4.5:6.4になるように高さを調整しています。

貯蓄保有世帯の中央値 1001万円
平均値 1658万円

(標準級間隔 100万円)

　平均値(1658万円)が中央値(1001万円)よりはるかに大きな値になっています。これは一部の世帯が大変なお金持ちであるため、彼らが平均値を大きく引っ張っているのです。このように平均値が中央値よりかなり大きい時は、分布はL字型に近くなるのです。

　平均値、中央値、最頻値は統計学ではいずれも代表値といわれ、たくさんのデータの特徴をたった1つの数値で代表したものと考えられています。特に、よく使われる平均値についてはこれぞまさしくデータの代表と思われがちです。

　しかし、分布がL字型の場合、貯蓄高の例のように「中央値1001万円」の方が「平均値1658万円」より代表値としてふさわしく思われます。そのデータを最もよく表わす値は何かを素早く見極めるには、「グラフの形」に注目しましょう。

## 67 偏差値から順位をサクッと割り出す

> 偏差値 70 以上 ⇨ 100人中1位か2位
> 　　　　　　　　　1万中200位以内

　子供の英語の試験が 100 点満点中 85 点だと、「よくやった！」と褒めたくなります。習熟度としてはよさそうだからです。

　しかし、この情報だけでは他の子と比べてどのあたりの位置づけなのかわかりません。もし平均点が 30 点だったら 85 点はかなりの高得点ですが、平均点が 95 点だったら 85 点は最低点かもしれません。つまり、平均点がわからなければ、得点の評価は難しいのです。

　また、平均点が同じ 60 点の試験でも、全員の得点が 60 点の場合と、得点のバラツキがあった場合とでは、中身が違ってきます。つまり、平均点だけでなく「データの散らばり具合」を示す分数（この正の平方根が標準偏差）も知りたいものです。

　このように、素点だけをもとに点数の善し悪しを判断することはできません。そこで考え出されたのが偏差値です。100 点満点の試験で得点に対する偏差値は次の式で求められます。

$$偏差値 = \frac{得点 - 平均点}{標準偏差} \times 10 + 50$$

　偏差値は平均点だけでなく、得点の散らばり具合を示す分散（＝標準偏差$^2$）も加味されていることがわかります。

このように定義された偏差値は次の性質を持っています。

- 偏差値の平均値は 50
- 偏差値の標準偏差は 10

　このグラフから偏差値が 70 以上であれば上位 2%以内であることがわかります。つまり、100 人いれば 1 位か 2 位、1 万人であれば 200 位以内となります。ただし、この考え方はデータ数が多くて分布が山型の左右対称でなだらかな場合（正規分布）を前提にしています。そうでない場合は誤差が大きくなります。

　冒頭の 85 点だけでは順位などはわかりませんが、大きな模擬テストなどでは標準偏差なども発表されますので、何点取れば何位ぐらいに入れるのかを素早く計算できます。

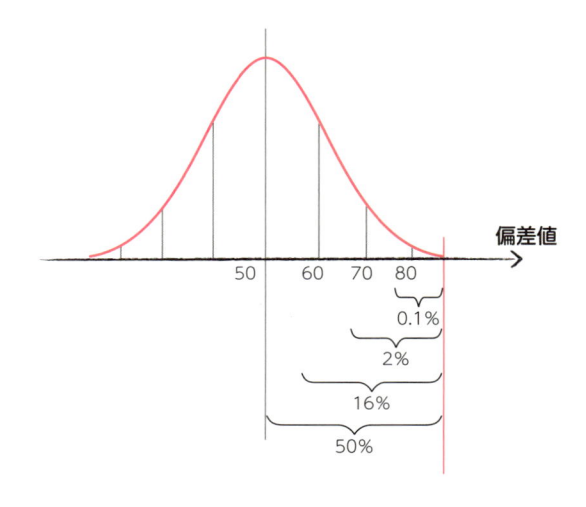

## 68 「2割で戦略」を立てればスピードアップ

> 全体の多くは、全体の一部が生み出している

「売上の8割は顧客全体の2割が生み出している」「商品の売上の8割は全商品銘柄のうちの2割で生み出されている」といわれています。これが「パレートの法則」(「80:20法則」)です。

20%で80%の売上だから、自社のトップ20%の商品をチェックし、商品の顔ぶれの変化（新年度の商品がどのくらい入っているか）などを過去5年に渡って振り返れば、ロング商品が安定的に支えてくれているか、あるいは自転車操業的になっているかなどの分析が簡単に行なえることになります。全部の商品をチェックするよりも、「省力・高速・効果的」です。

なお、残り8割の商品群は「ロングテール」と呼ばれています。セブンイレブンはロングテール商品を棚から排除することによって

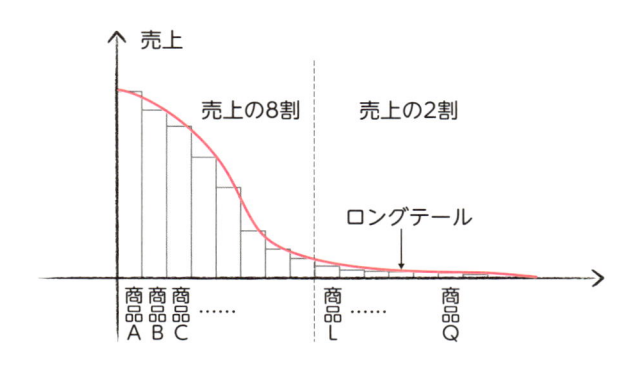

大手スーパーに勝ち、逆にアマゾンはロングテール商品をインターネット上の店舗に在庫として揃えることで既存の本屋さんにない強みを発揮しているといわれています。これも上位2割を研究した上での戦略でしょう。

> 店頭には売れ筋の
> 2割の商品を‼
> ロングテール商品は
> 倉庫に置いて
> インターネット販売‼

## 69 「待ち時間」をリトルの公式で超速計算!

> １分後の後続人数だけでわかる！

　好んで長蛇の行列に参加する人は多くはありません。「あと、どのくらい待たされるのだろう」というのがわかれば我慢もできるし、諦めもつきます。

　こういう時、待ち時間を簡単に算出しようというのが「リトルの公式」です。この公式は次の式で与えられます。

$$W = \frac{L}{\lambda}$$ ………… リトルの公式

（W＝待ち時間、L＝自分の前に並んでいる人の数、λ＝1分間に自分の後ろに並んだ人の数）

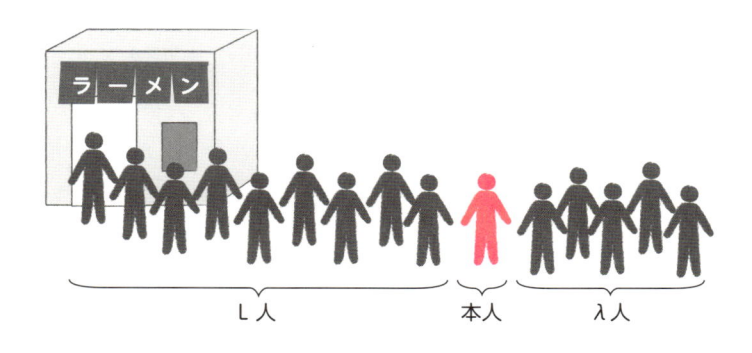

**例題** 自分の前に、おおよそ200人が並んでいます。並び始めて1分たったら、自分の後ろに新たに5人が並びました。あと、どのくらい待つことになるでしょう。

$$W = \frac{L}{\lambda} = \frac{200}{5} = 40 \text{（分）}$$

リトルの公式から、約40分間待つことになります。

処理時間のかかるものは「1時間」単位でもOKです。60人並んでいて、1時間後に20人後ろに並べば、3時間後ということになります。

## 70 自治会役員をコインで即決する方法

**コイン1枚を4回投げれば16通りが実現**

　最近は自治会役員のなり手がなく、ジャンケンなどで決めることが多いと聞きます。今、16人から1人の会長を選ぶ時、ジャンケンで決着をつけるのはそう簡単ではありません。アミダという方法もありますが、これもつくるのが面倒です。

　そんな時、コインを使って簡単に即決する方法があります。それが「コイン1枚を4回投げる」という方法です。なぜなら、4回投げた結果は次のように16通りの場合に分かれるからです。

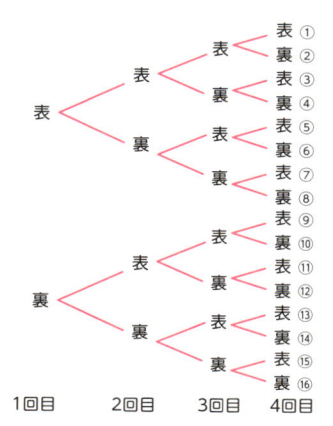

一番上の場合（表、表、表、表）から一番下の場合（裏、裏、裏、裏）まで①〜⑯までの通し番号を付けておきます。また、16人の人間にも①〜⑯まで通し番号を付けておきます。

　こうしてコインを投げ、例えば「裏、裏、表、裏」が出たとします。これは前ページの樹形図から⑭に該当するので、⑭の人が選ばれたことになります。

　樹形図を書くのが大変と思う人がいるかもしれませんが、実際にはこの図は必要ありません。「表を0、裏を1」と見なせば1枚のコインを4回投げることは4桁の2進数を作成したことになります。

**（例）裏、裏、表、裏 → 1101 $_{(2)}$**　　（2)は2進数表示の意味

　4桁の2進数は0000〜1111の16通りであり、これを10進数に直すと0〜15です。したがって、4桁の2進数を10進数に直して1を足せば、コインを投げた結果は、①〜⑯の数値を表わします。

**（例）裏、裏、表、裏 → 1101 $_{(2)}$ → 13 $_{(10)}$ → 13＋1＝14**

　なお、この方法はピッタリ16人でないとダメかというとそんなことはありません。15人の場合、コインで⑯が出たら15以下が出るまでやり直せばいいのです。また、32人の場合はコインを5枚投げることになります。2進数も、こうやって使うと身近に感じられるでしょう。

(注) 2進数を10進数に素早く換算する方法は59節を参照してください。

## 71 「チョキなしジャンケン」は万能即決法だ

**「チョキなしジャンケン」**
ただし「パー」が勝ちとは限らない

　前節で16人から1人の代表を選ぶのにコインを4回投げました。これはコインを4回投げれば $2^4=16$ 通りの出方になることを利用したものです。しかし、この方法は16人、32人、64人……の場合には有効ですが、7人といった場合には確実ではありません。

　そこで、どんな人数に対しても簡単に1人を選出する方法を紹介します。「チョキなしジャンケン」で人数の多い方(少ない方でもよい)を残すことにして次のステップを踏みます。

(1) チョキを禁止にしてジャンケンをします。
(2) パーかグーの人数の多い方(あるいは少ない方)を残します。
(3) (1)〜(2)を繰り返して人数が1人になるまで絞ります。

　なお、少人数になったところで普通のジャンケンに切り替えて1人に絞るのも合理的です。また、間違えてチョキを出す人もよく見かけますが、その場合は、その違反者を選べばいいでしょう。

## 72 ゴキブリの1年後の数を超速算！

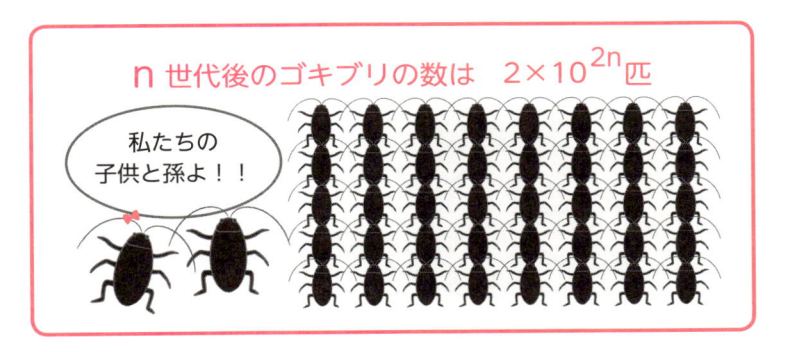

n世代後のゴキブリの数は $2×10^{2n}$ 匹

「私たちの子供と孫よ！！」

　チャバネゴキブリは120日前後の寿命の間にメスが5回ほど出産し、1回の出産で40個の卵を産み落とすそうです。すると、ゴキブリ夫婦が一生の間に産み落とすゴキブリの子供は、$40 × 5 = 200$ 匹となります。つまり、2匹の親から $100$（$= 10^2$）倍の200匹の子供が生まれます。

　この200匹（100匹がメスとする）の子供が成虫になって一生の間に産み落とすゴキブリの子供は、$40 × 5 × 100 = 20000$ 匹となります。これは、2匹の最初のゴキブリ夫婦から $10000$（$= (10^2)^2$）倍の20000匹の孫が生まれるということです。

　以上のことから、2匹の親から生まれるn世代後のゴキブリの数は、次の式で表わすことができます。

$2 × (10^2)^n = 2 × 10^{2n}$

　3世代後は $2 × 10^6 = 2$ 百万匹（これが約1年後の数!?）、4世代後は $2 × 10^8 = 2$ 億匹ということになります。

## 73 覚えておきたい平方根

### 正方形の面積を3倍にすれば一辺の長さは1.73倍

**パターン**

$\sqrt{2}=1.41421356$ 　　一夜一夜に人見頃

$\sqrt{3}=1.7320508$ 　　人並みにおごれや

$\sqrt{5}=2.2360679$ 　　富士山麓オーム鳴く

$\sqrt{6}=2.44949$ 　　　似よよくよく

$\sqrt{7}=2.64575$ 　　　菜に虫いない

$\sqrt{10}=3.162277$ 　　人丸は三色に並ぶ七並ぶ

　典型的な平方根の値を知っていれば速算をする上で大いに役立ちます。例えば、正方形の面積を3倍にしたければ一辺の長さを$\sqrt{3}$倍します（$x^2=3$より）。$\sqrt{3}$倍といわれてもなかなかピンとこないと思いますが、もし$\sqrt{3}$の近似値が1.7320508であることを知っていれば即座に上記のように答えることができます。

　また、最近世の中で重視され始めた統計学で頻繁に出てくる「標準偏差」にも平方根が使われます。ですので、上記にあげた典型的な平方根の値は覚えておくと何かと便利です。語呂合わせを使った覚え方を紹介してありますので、知らない人はこの機会に是非覚えてしまいましょう。

## 74 覚えておきたい2乗の数

$$15^2 \longrightarrow 225$$

**パターン**

$11^2 \longrightarrow 121$
$12^2 \longrightarrow 144$
$13^2 \longrightarrow 169$
$14^2 \longrightarrow 196$
$15^2 \longrightarrow 225$
$16^2 \longrightarrow 256 \cdots 2^8$
$17^2 \longrightarrow 289$
$18^2 \longrightarrow 324$
$19^2 \longrightarrow 361$

上記の平方数（2乗の数）は覚えておくと速算への応用に効果的です。具体的な応用例をあげると次のようなものがあります。

**例題** ❶ $15 \times 16$
$= 15 \times (15+1)$
$= 15^2 + 15$
$= 225 + 15$
$= 240$

❷ $14 \times 16$
　$= (15-1)(15+1)$
　$= 15^2 - 1$
　$= 225 - 1$
　$= 224$

❸ $18 \times 16$
　$= (17+1)(17-1)$
　$= 17^2 - 1$
　$= 289 - 1$
　$= 288$

　公務員試験、就職試験などの簡単な算術試験でも、11〜19の2乗の値を知っていると素早く解けるケースもあります。これらの数の値については覚えておきましょう。

本書では特効薬的な計算法の数々を紹介してきました。今さらですが、万能薬的な計算法についてもおさらいしておきましょう。いわば変則的ともいえる速算術も、オーソドックスな計算法があってこそなのです！

## 付録

# 01 ケタ数を表わす接頭語

　現代では途方もなく大きな数や限りなく0に近い小さな数が平気で顔を出します。下記の接頭語は現代人の必須教養かもしれません。

| 呼称 | 数 | 記号 | 接頭辞 |
|---|---|---|---|
| ヨクト | $10^{-24}$ | $y$ | yocto- |
| ゼプト | $10^{-21}$ | $z$ | zepto- |
| アト | $10^{-18}$ | $a$ | atto- |
| フェムト | $10^{-15}$ | $f$ | femto- |
| ピコ | $10^{-12}$ | $p$ | pico- |
| ナノ | $10^{-9}$ | $n$ | nano- |
| マイクロ | $10^{-6}$ | $\mu$ | micro- |
| ミリ | $10^{-3}$ | $m$ | milli- |
| センチ | $10^{-2}$ | $c$ | centi- |
| デシ | $10^{-1}$ | $d$ | deci- |
| モノ | $10^0 = 1$ | | mono- |
| デカ | $10^1 = 10$ | $da$ | deca- |
| ヘクト | $10^2$ | $h$ | hecto- |
| キロ | $10^3$ | $k$ | kilo- |
| メガ | $10^6$ | $M$ | mega- |
| ギガ | $10^9$ | $G$ | giga- |
| テラ | $10^{12}$ | $T$ | tera- |
| ペタ | $10^{15}$ | $P$ | peta- |
| エクサ | $10^{18}$ | $E$ | exa- |
| ゼタ | $10^{21}$ | $Z$ | zetta- |
| ヨタ | $10^{24}$ | $Y$ | yotta- |

# ❷ 小学校で教わる「足し算」

4852 + 3267 を例に、小学校で教わった足し算の方法を説明します。他の場合も同様に計算することができます。

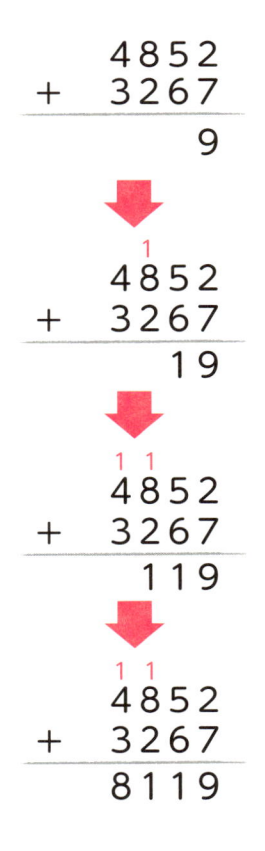

```
   4852
 + 3267
 ─────
      9
```
一の位の2と7を足して9となる。

```
    1
   4852
 + 3267
 ─────
     19
```
十の位の5と6を足して11になる。この11の左側の「1」(十の位)を百の位の8の上に書き、右側の「1」(一の位)を線の下に書く。

```
   1 1
   4852
 + 3267
 ─────
    119
```
十の位から繰り上がった1と百の位の8と2を足して11になる。この11の左側の「1」(十の位)は千の位の4の上に書き、右側の「1」(一の位)を線の下に書く。

```
   1 1
   4852
 + 3267
 ─────
   8119
```
百の位から繰り上がった1と、千の位の4と3を足して8となる。
答えは8119。

## 03 小学校で教わる「引き算」

4852 − 3267 を例に、小学校で教わった引き算の方法を説明します。他の場合も同様に計算することができます。

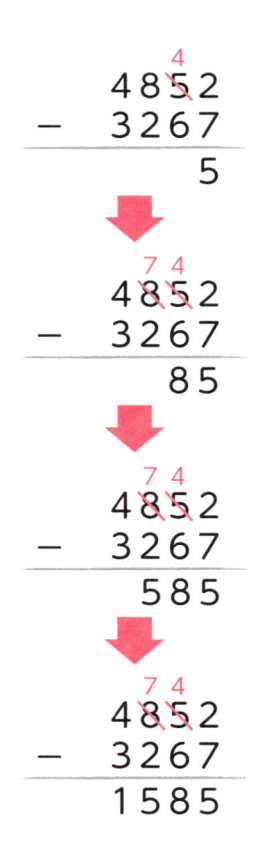

```
   4
  4852
−  3267
      5
```
一の位は 2 から 7 は引けないので、十の位の 5 から 1 を借りて 12 としてから 7 を引き 5 となる。この時、十の位の 5 は 1 を貸したので 4 に繰り下がる。

```
   7 4
  4852
−  3267
     85
```
十の位は繰り下がった 4 から 6 は引けないので、百の位の 8 から 1 借りて 14 としてから 6 を引き 8 となる。この時、百の位の 8 は 1 を貸したので 7 に繰り下がる。

```
   7 4
  4852
−  3267
    585
```
百の位は繰り下がった 7 から 2 を引いて 5 になる。

```
   7 4
  4852
−  3267
   1585
```
千の位は 4 から 3 を引いて 1 になる。答えは 1585。

## 04 小学校で教わる「掛け算」

852 × 67 を例に、小学校で教わった掛け算の方法を説明します。他の場合も同様に計算することができます。

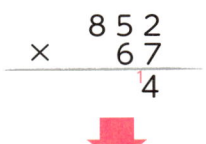

```
    8 5 2
  ×   6 7
    ─────
        4
        ¹
```
まずは 852 × 7 のみ計算する。7 × 2 = 14 より「4」のみ一の位に書き、「1」は十の位にメモする。

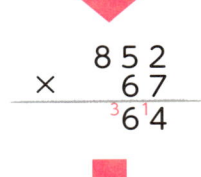

```
    8 5 2
  ×   6 7
    ─────
      6 4
      ³ ¹
```
7 × 5 = 35 の「5」と繰り上がった「1」を足して 36 となる。十の位に「6」と書き、「3」は百の位にメモする。

```
    8 5 2
  ×   6 7
    ─────
  5 9 6 4
      ³ ¹
```
7 × 8 = 56 の「6」と繰り上がった「3」を足して 59 となる。百の位に「9」、千の位に「5」と書く。

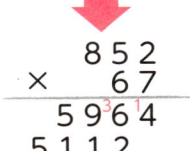

```
    8 5 2
  ×   6 7
    ─────
  5 9 6 4
      ³ ¹
  5 1 1 2
```
852 × 7 と同様に 1 ケタ左にずらして 852 × 6 の計算をする。

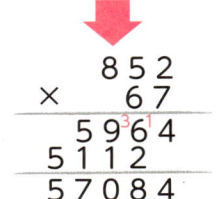

```
    8 5 2
  ×   6 7
    ─────
  5 9 6 4
      ³ ¹
  5 1 1 2
  ─────────
  5 7 0 8 4
```
852 × 7 と 852 × 6 の計算結果を足す。答えは 57084。

付録

## 05 小学校で教わる「割り算」

8576 ÷ 67 を例に、小学校で教わった割り算の方法を説明します。他の場合も同様に計算することができます。

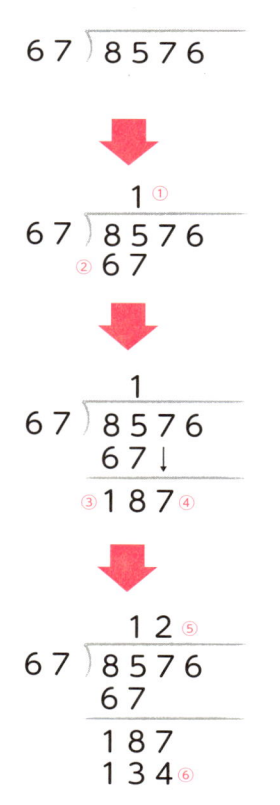

```
  67)8576
```
8576 ÷ 67 を左図のように書く。

```
      1 ①
  67)8576
   ②67
```
8576 の左から 2 ケタ「85」に着目して 85 ÷ 67 を計算し、その商 1 と 67 を掛けた数 67 の値を①と②の位置に書く。(注)もし、左から 2 ケタが 67 より小さければ、左から 3 ケタに着目する。

```
      1
  67)8576
     67↓
    ③187④
```
②の 67 の下に横線を引き、85 から 67 を引いた値 18 を線の下③に書く。8576 の「7」を④の位置におろす。

```
      12 ⑤
  67)8576
     67
     187
     134 ⑥
```
67 を掛けて 187 を越えない最大の数を⑤の位置に書く ( ここでは 2)。その数 2 と 67 を掛けた 134 を 187 の下の⑥の位置に書く。

```
      1 2
67 ) 8 5 7 6
     6 7
     1 8 7
     1 3 4
         5 3 6 ⑦
```

134の下に横線を引き、187から134を引いた値53を線の下に書く。8576の「6」を⑦の位置におろす。

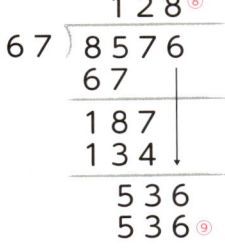

```
      1 2 8 ⑧
67 ) 8 5 7 6
     6 7
     1 8 7
     1 3 4
         5 3 6
         5 3 6 ⑨
```

67を掛けて536を越えない最大の数を⑧の位置に書く（ここでは8）。その数8と67を掛けた536を536の下の⑨の位置に書く。

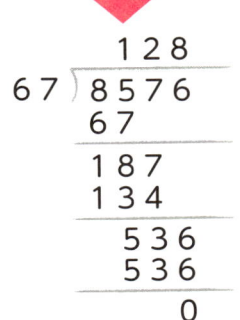

```
      1 2 8
67 ) 8 5 7 6
     6 7
     1 8 7
     1 3 4
         5 3 6
         5 3 6
             0
```

⑨の536の下に横線を引き、⑦の536から⑨の536を引いた値0を線の下に書く。余りが0になったので、ここで終わり。答えは128。

**涌井良幸（わくい　よしゆき）**
東京教育大学数学科を卒業後、教職に就く。現在、高校の数学教諭を務めるかたわら、コンピュータを活用した教育法や統計学の研究を行なっている。

**涌井貞美（わくい　さだみ）**
東京大学理学系研究科修士課程修了後、富士通、神奈川県立高等学校教員を経て、サイエンスライターとして独立。

著書として、『図解・ベイズ統計「超」入門』（SBクリエイティブ）、『ゼロからのサイエンス　多変量解析がわかった』（日本実業出版社）など多数。「統計」分野をメインに理系全般での執筆活動が多く、最近では「素早く数を処理する」技術についての研究も深めている。

### 数的センスを磨く超速算術

2014年2月10日　初版第1刷発行
2017年5月20日　初版第5刷発行

著　者　涌井良幸・涌井貞美
発行者　小山隆之
発行所　株式会社 実務教育出版
　　　　〒163-8671　東京都新宿区新宿1-1-12
　　　　電話　03-3355-1812（編集）　03-3355-1951（販売）
　　　　振替　00160-0-78270

印刷／精興社　　製本／東京美術紙工

©Yoshiyuki Wakui／Sadami Wakui 2014　　Printed in Japan
ISBN978-4-7889-1072-0　C0041
本書の無断転載・無断複製（コピー）を禁じます。
乱丁・落丁本は本社にておとりかえいたします。

**実務教育出版の本**
# 好評既刊！

## あなたが上司から求められているシンプルな50のこと

濱田秀彦 著

上司の期待がわからなければ損をするのは部下の方！
「正しい行動・努力の指針」「上司の信頼獲得」「高い評価」
をもたらし、あなたの仕事を効果的に変える 50 のピンポイント提案。

定価 1400 円（税別）
本文 224ページ　ISBN978-4-7889-1051-5

## あなたが部下から求められているシリアスな50のこと

濱田秀彦 著

できる上司は知っている、
「部下の信頼＝会社の評価」ということを。
10000 人の若手社員のホンネを集約した自分もチームも結果を出す 50 の提案。

定価 1400 円（税別）
本文 192ページ　ISBN978-4-7889-1060-7